北京理工大学"双一流"建设精品出版工程

Schlieren Technology and Application

纹影技术及应用

刘庆明◎编著

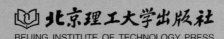

北京理工大学出版社
BEIJING INSTITUTE OF TECHNOLOGY PRESS

图书在版编目（CIP）数据

纹影技术及应用 / 刘庆明编著. －－北京：北京理
工大学出版社，2023.8
　ISBN 978−7−5763−2735−9

Ⅰ. ①纹…　Ⅱ. ①刘…　Ⅲ. ①纹影显示　Ⅳ.
①O354

中国国家版本馆 CIP 数据核字（2023）第 151662 号

出版发行 / 北京理工大学出版社有限责任公司
社　　址 / 北京市海淀区中关村南大街 5 号
邮　　编 / 100081
电　　话 / (010)68914775(总编室)
　　　　　(010)82562903(教材售后服务热线)
　　　　　(010)68944723(其他图书服务热线)
网　　址 / http://www.bitpress.com.cn
经　　销 / 全国各地新华书店
印　　刷 / 保定市中画美凯印刷有限公司
开　　本 / 787 毫米×1092 毫米　1/16
印　　张 / 13.75　　　　　　　　　　　　　责任编辑 / 李颖颖
字　　数 / 318 千字　　　　　　　　　　　　文案编辑 / 李颖颖
版　　次 / 2023 年 8 月第 1 版　2023 年 8 月第 1 次印刷　　责任校对 / 周瑞红
定　　价 / 68.00 元　　　　　　　　　　　　责任印制 / 李志强

前言

　　本书是作者根据在北京理工大学多年讲授瞬态反应流场测试技术所用讲义及从事气体层流燃烧方面科研工作积累成果基础上编写而成的。纹影技术主要用于透明介质折射率（密度、温度等）场的观测。在漫长的发展过程中，纹影技术广泛应用在晶体显微结构、空气动力学流场、冲击波结构及其与边界相互作用流场、燃烧与爆轰波结构、马赫反射、传热学等方面的研究。纹影技术的出现可以追溯到 17 世纪，对于这种悠久的技术，人们对它们并不是非常了解。从出现至今，纹影技术的进步主要体现在纹影光阑的发展和应用，纹影记录装置的发展经历了胶片相机、转鼓高速相机、数码相机、高速相机等发展阶段。记录和数据处理方法的发展，使纹影技术这种古老技术得以广泛应用。本书首先从光学基本原理出发，系统介绍了纹影和阴影法技术的基本原理，以及量程、灵敏度等分析方法、纹影光学系统等；接着介绍了流场参数（密度、温度等）观测的干涉方法原理、量程、灵敏度等分析方法和光学系统等；最后介绍了纹影技术气体层流火焰传播特性、火焰稳定性等研究方法的应用及研究成果。本书在编写过程中，得到了我的博士、硕士研究生陈旭、张云明、杨周等同学的大力帮助，在此表示感谢。由于作者水平有限，且编写时间紧迫，加之该技术涉及面很广，错误和缺点在所难免，谨请读者给予批评指正。

目　录
CONTENTS

第1章

气体的动力学特性和光学折射特性

1.1 气体的动力学特性

1. 微分形式的质量方程（连续方程）

$$\frac{\partial \rho}{\partial t} + \nabla \cdot (\rho V) = 0 \tag{1-1}$$

气体在不可压状态下，ρ 为常数，气体运动是等容状态的（如爆轰波燃烧过程），这是认为 $\frac{\partial \rho}{\partial t} = 0$，则连续方程变为 $\nabla(\rho V) = 0$。对于定常不可压缩平面流动而言，$\rho(x, y)$ 与时间 t 无关，则连续方程为：

$$\frac{\partial \rho V_x}{\partial x} + \frac{\partial \rho V_y}{\partial y} = 0 \tag{1-2}$$

对于轴对称流动，用与坐标轴 x 以及离坐标轴的距离 r 相关的函数描述流动，因此，连续方程为：

$$r \frac{\partial \rho}{\partial t} + \frac{\partial \rho r V_x}{\partial x} + \frac{\partial \rho r V_r}{\partial r} = 0 \tag{1-3}$$

$$\frac{\partial \rho}{\partial t} + \frac{1}{r} \cdot \frac{\partial \rho r V_x}{\partial x} + \frac{1}{r} \cdot \frac{\partial \rho r V_r}{\partial r} = 0 \tag{1-4}$$

$$\frac{\partial \rho}{\partial t} + \frac{1}{r} \nabla \cdot (\rho r V) = 0 \tag{1-5}$$

2. 状态方程与等熵过程

气体的光学折射性取决于流场的密度分布，而密度的直接测量是十分困难的。通过对非稳定流场参数的测量 (P, T, u, v)，可以计算影响光学传输质量的非稳定的密度分布，也就是通过脉动压力、总温和质量流量测量，得到密度的脉动。

用于计算理想气体密度的气体状态方程为：

$$\frac{P}{\rho} = R \cdot T \tag{1-6}$$

式中，P，ρ，T，R 分别表示流场的压力、密度、温度和气体常数。若对给定体积 V 内质量为 m，则 $\rho = m/V$，因此，上式变成：

$$PV = mRT \tag{1-7}$$

在一般的空气动力学问题中，往往是高压和高温同时发生，低压与低温并存，上述完全气体方程是适用的。在超高声速飞行中，温度升高，空气分子发生离解，这时气体成分随温度变化，所以不能采用正常空气的 R 值。

在气体参数运算中，最常用到的几个系数是等压比热容 c_p、定容比热容 c_v 以及等熵指数 $\gamma = (c_p/c_v)$，其中 $c_v = R/(\gamma-1)$，$c_p = \gamma R/(\gamma-l)$，$c_p$ 和 c_v 的单位是 $kJ/(kg \cdot K)$。

气体状态的变化考虑以下三种：

（1）等压过程

$$P_1 = P_2 \tag{1-8}$$

则

$$\frac{T_1}{T_2} = \frac{\rho_2}{\rho_1} \tag{1-9}$$

这个关系用于计算热流气体动力学过程，压力为常数，温度变化引起密度变化。

（2）等温过程

$$T_1 = T_2 \tag{1-10}$$

则

$$\frac{P_1}{P_2} = \frac{\rho_2}{\rho_1} \tag{1-11}$$

这种等温状态变化是通过调整空气压力来保持温度不变，压力的变化引起密度变化。

（3）绝热过程

系统与外界无热交换，即：

$$dq = 0 \tag{1-12}$$

则

$$ds = \frac{(dq)_{rev}}{T} = 0 \tag{1-13}$$

等熵过程有状态方程：

$$\frac{P_2}{P_1} = \left(\frac{\rho_2}{\rho_1}\right)^{\gamma} \tag{1-14}$$

式中，γ 为绝热指数/等熵指数。

$$\gamma = \frac{c_p}{c_v},$$

$$ds = \frac{(dq)_{rev}}{T} \tag{1-15}$$

当密度变化较小时，可做如下变换：

$$\frac{P_2}{P_1} = \left(1 + \frac{\Delta\rho}{\rho_1}\right)^{\gamma} \approx 1 + \gamma\frac{\Delta\rho}{\rho_1} \tag{1-16}$$

$$\Delta\rho = \rho_2 - \rho_1$$

也可写成：

$$\frac{\Delta P}{P_1} \approx \gamma\frac{\Delta\rho}{\rho_1} \tag{1-17}$$

$\Delta P = P_2 - P_1$，变换上式：

$$\frac{\Delta P}{\Delta \rho} \approx \gamma \cdot \frac{P}{\rho} \tag{1-18}$$

式中，$\dfrac{\Delta P}{\Delta \rho}$ 表征了流体的压缩特性，与声速 a 有关。$a^2 = \left(\dfrac{\partial P}{\partial \rho}\right)_s = \dfrac{\Delta P}{\Delta \rho}$，$\Delta P$ 代表流动引起的压强变化，它与流速有关，有：

$$\Delta P = \frac{1}{2}\rho v^2 \tag{1-19}$$

$$a^2 = \gamma \frac{P}{\rho} \tag{1-20}$$

$$\frac{\Delta \rho}{\rho_1} = \frac{1}{\gamma} \cdot \frac{\Delta P}{P} = \frac{1}{2}\left(\frac{v}{a}\right)^2 = \frac{1}{2}(Ma)^2 \tag{1-21}$$

上式表明：最大的密度相对变化与气流速度对声速之比（马赫数）的平方有关。

3. 等熵条件下的状态参数关系

对于稳定的无黏性绝热完全气体准一元流动，气流马赫数 $Ma = V/a$，而声速 a 可表示为：

$$a = (\gamma P/\rho)^{1/2} = (\gamma RT)^{1/2} \tag{1-22}$$

当流动由某种状态 (V, P, ρ, T) 变化到驻点状态 $(V_t = 0, P_t, \rho_t, T_t)$ 时，符合等熵条件的变化过程中有：

总焓

$$h_t = h + \frac{v^2}{2} \tag{1-23}$$

$$c_p T_t = c_p T + \frac{v^2}{2} \tag{1-24}$$

总温 T_t 可写为：

$$T_t = T + \frac{v^2}{2c_p} \tag{1-25}$$

$$\frac{T_t}{T} = 1 + \frac{v^2}{2\,Tc_p} \tag{1-26}$$

$$T = \frac{a^2}{R\gamma} = \frac{a^2}{(c_p - c_v)\gamma} \tag{1-27}$$

$$Tc_p = \frac{a^2}{(1 - 1/\gamma)\gamma} = \frac{a^2}{(\gamma - 1)} \tag{1-28}$$

将式（1-28）代入（1-26）有：

$$T_t = T\left(1 + \frac{\gamma - 1}{2}(Ma)^2\right) \tag{1-29}$$

因此，可以得到流场任意一点的压力 P、密度 ρ 与 Ma 的关系，有：

$$\frac{P}{P_t} = \left(\frac{\rho}{\rho_t}\right)^\gamma = \frac{(P/T)^\gamma}{(P_t/T_t)^\gamma} = \left(\frac{P}{P_t}\right)^\gamma \cdot \left(\frac{T}{T_t}\right)^{-\gamma} \tag{1-30}$$

或者

$$\left(\frac{P}{P_t}\right)^{1-\gamma} = \left(\frac{T}{T_t}\right)^{-\gamma} \tag{1-31}$$

$$\frac{\rho}{\rho_t}=\left(\frac{P}{P_t}\right)^{\frac{1}{\gamma}}=\left(\frac{T}{T_t}\right)^{\frac{-\gamma}{1-\gamma}\frac{1}{\gamma}} \tag{1-32}$$

$$\frac{\rho}{\rho_t}=\left(\frac{T}{T_t}\right)^{1/\gamma-1} \tag{1-33}$$

将式（1-29）代入（1-31）（1-33），有：

$$\frac{P}{p_t}=\left(\frac{T}{T_t}\right)^{\frac{\gamma}{\gamma-1}}=\left(1+\frac{\gamma-1}{2}(Ma)^2\right)^{\frac{-\gamma}{\gamma-1}} \tag{1-34}$$

$$\frac{\rho}{\rho_t}=\left(\frac{P}{P_t}\right)^{\frac{1}{\gamma}}=\left(1+\frac{\gamma-1}{2}(Ma)^2\right)^{\frac{-1}{\gamma-1}} \tag{1-35}$$

4. 质量流量（ρv）与总温（T_t）

密度及其对时间、空间变化率的直接测量十分困难，所以这里用其他方法进行间接测量。比如，用激光速度计测量速度脉（v'），用热线风速计测量质量流脉动，即密度与速度脉动的乘积（$\rho v'$），以及用总温传感器测量总温脉动。在可压缩流场中，参数脉动量之间的相互关系需要用能量关系式推导，总温（T_t）与气流温度（T）的关系式如式（1-36）（1-37）所示，对其取自然对数得到式（1-38）（1-39）。

$$T_t=T\left(1+\frac{\gamma-1}{2}(Ma)^2\right) \tag{1-36}$$

$$T_t=T\left(1+\frac{v^2}{2Tc_p}\right) \tag{1-37}$$

$$\ln T_t=\ln T+\ln\left(1+\frac{\gamma-1}{2}(Ma)^2\right) \tag{1-38}$$

$$\ln T_t=\ln T+\ln\left(1+\frac{v^2}{2Tc_p}\right) \tag{1-39}$$

公式包含了热动力学和运动学参数，显然，随着马赫数的增加，总温与气流温度的差别也随之增加。现在，学者们感兴趣的是参数的脉动值，而不是平均值。因此必须分析式（1-36）的微分形式。

对式（1-36）两端求对数再微分，有：

$$\frac{T_t'}{T_t}=\frac{T'}{T}+\frac{\left(\frac{\gamma-1}{2}\right)\mathrm{d}Ma^2}{1+\left(\frac{\gamma-1}{2}\right)Ma^2} \tag{1-40}$$

$$\mathrm{d}Ma^2=\mathrm{d}\left(\frac{v^2}{\gamma RT}\right)=2\frac{Ma^2\mathrm{d}v}{v} \tag{1-41}$$

$$\left(1+\frac{\gamma-1}{2}(Ma)^2\right)\frac{T_t'}{\overline{T_t}}=\left(1+\frac{\gamma-1}{2}(Ma)^2\right)\frac{T'}{\overline{T}}+(\gamma-1)(Ma)^2\frac{v'}{\overline{v}} \tag{1-42}$$

利用状态方程的对数微分形式：

$$\frac{P'}{P}=\frac{\rho'}{\rho}+\frac{T'}{T} \tag{1-43}$$

式（1-42）改写为：

$$\left(1+\frac{\gamma-1}{2}(Ma)^2\right)\frac{T_t'}{\overline{T_t}}=\left(1+\frac{\gamma-1}{2}(Ma)^2\right)\left(\frac{P'}{\overline{P}}-\frac{\rho'}{\overline{\rho}}\right)+(\gamma-1)(Ma)^2\frac{v'}{\overline{v}} \tag{1-44}$$

利用质量流量的对数微分式：

$$\ln \rho v = \ln \rho + \ln v \tag{1-45}$$

$$\frac{(\rho v)'}{\overline{\rho v}}=\frac{\rho'}{\overline{\rho}}+\frac{v'}{\overline{v}} \tag{1-46}$$

将（1-46）代入（1-44）式，则可得到质量流量公式：

$$\left(1+\frac{\gamma-1}{2}(Ma)^2\right)\frac{T_t'}{\overline{T_t}}=\left(1+\frac{\gamma-1}{2}(Ma)^2\right)\frac{P'}{\overline{P}}-\left[1+\frac{3}{2}(\gamma-1)(Ma)^2\right]\cdot\frac{\rho'}{\overline{\rho}}+(\gamma-1)(Ma)^2\frac{(\rho v)'}{\overline{\rho v}} \tag{1-47}$$

式（1-47）包含了我们所关心的密度脉动（ρ'）以及总温脉动（T_t'）、压力脉动（P'）和质量流脉动（$\rho v)'$。一般情况下，对于密度变化，总温的作用可以忽略，则式（1-47）简化为：

$$\left[1+\frac{3}{2}(\gamma-1)(Ma)^2\right]\cdot\frac{\rho'}{\overline{\rho}}=\left(1+\frac{\gamma-1}{2}(Ma)^2\right)\frac{P'}{\overline{P}}+(\gamma-1)(Ma)^2\frac{(\rho v)'}{\overline{\rho v}} \tag{1-48}$$

记

$$A=\left\{1+\frac{3}{2}(\gamma-1)(Ma)^2\right\}\Big/\left(1+\frac{\gamma-1}{2}(Ma)^2\right) \tag{1-49}$$

$$B=(\gamma-1)(Ma)^2\Big/\left(1+\frac{\gamma-1}{2}(Ma)^2\right) \tag{1-50}$$

式（1-48）可写为：

$$A\frac{\rho'}{\overline{\rho}}=\frac{P'}{\overline{P}}+B\frac{(\rho v)'}{\overline{\rho v}} \tag{1-51}$$

由于质量流和静压不能瞬时测量，因此需要用平均形式，有：

$$A^2\frac{\overline{\rho'^2}}{\overline{\rho}^2}=\frac{\overline{P'^2}}{\overline{P}^2}+2\cdot B\cdot R_{P\cdot\rho v}\cdot\frac{<(\rho v)'><P'>}{\overline{P}\cdot\overline{\rho}\cdot\overline{v}}+B^2\frac{\overline{(\rho v)'^2}}{(\overline{\rho v})^2} \tag{1-52}$$

式中，$R_{P\cdot\rho v}$ 是在 $(\rho v)'$ 和 P' 之间的零相位滞后互相关系数。气动光学试验证明，可以忽略相关系数这一项，则式（1-32）可简化为：

$$A^2\frac{\overline{\rho'^2}}{\overline{\rho}^2}=\frac{\overline{P'^2}}{\overline{P}^2}+B^2\frac{\overline{(\rho v)'^2}}{(\overline{\rho v})^2} \tag{1-53}$$

对于光学传输来说，压力和质量流量的脉动是重要的，因为密度变化取决于这两个流场参数。用热线风速计测量质量流量脉动，压力传感器测量压力脉动，由式（1-53）就可得到密度的变化量。

1.2　气体的光学折射特性

在常温气体的一般情况下，气体折射率取决于气体的密度变化。但是对于高温气体来说，折射率的变化主要受气体的温度和组分的影响。虽然光波的波长对折射率也有影响，但是很小，因为大多数气体的色散是相当小的。

介质的绝对折射率 n 是光线从真空折射到这个介质时的光速之比，$n=c/v$，尽管两者速度差很小，但是在讨论光线偏折时很重要。真空中折射率 $n=1$，在常温常压情况下，气体折射率可表示为：

$$n=\frac{c}{v}=\frac{\lambda_0 f}{\lambda f}\frac{\lambda_0}{\lambda}=1+\Delta\lambda/\lambda=1+\delta \qquad (1-54)$$

式中，这个 δ 值是一个小量，空气中的 δ 为 $0.000\,293$，可记为 $\delta\ll1$，气体中气体分子之间的间隔距离比分子尺寸大得多，整个空间中分子的体积分数记为 V_f，则留下的真空空间体积分数为 $(1-V_f)$。所谓的密度变化是指除分子以外的空间 $(1-V_f)$ 发生变化，如图 1-1 所示。

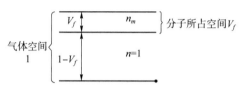

图 1-1　气体空间与分子所占空间

若光线垂直两种介质的界面入射，总的几何路程为：

$$X=V_f X+(1-V_f)X \qquad (1-55)$$

光程为光在媒质中传播的几何路程（波程）与媒质折射率的乘积。

例如，在折射率为 n 的介质中，光的行进距离为 d，光程即为乘积 nd，由 n 的物理意义可知，光在该介质中行进距离 d 所需的时间，与光在真空中行进 nd 距离所需的时间相等。因为，媒质的折射率等于真空中的光速和媒质中的光速之比，所以，光程也就是在相同的时间内光在真空中通过的路程。显然，当光在折射率为 n_1、n_2 …… 的介质中行程各为 d_1、d_2 ……，则光程为 $d=n_1 d_1+n_2 d_2+\cdots=\sum n_i d_i$

光程是一个折合量，在传播时间相同或相位改变相同的条件下，把光在介质中传播的路程折合为光在真空中传播的相应路程。在数值上，光程等于介质折射率乘以光在介质中传播的路程。

用（真空中）波长来表示几何路程就是光程，即 $\int n\cdot\mathrm{d}x$。

所以，由图 1-1 可知，光程可表示为

$$nX=n_m V_f X+(1-V_f)X \qquad (1-56)$$

下脚标 m 代表除空隙以外的分子，因此：

$$n-1=V_f(n_m-1) \qquad (1-57)$$

或

$$\delta=V_f\delta_m \qquad (1-58)$$

由于气体质量都集中在分子上，所以：

$$\rho=V_f\rho_m \qquad (1-59)$$

由 (1-58)、(1-59) 可得：

$$\frac{\delta}{\rho} = \frac{\delta_m}{\rho_m} = \text{constant} \tag{1-60}$$

即：

$$\frac{n-1}{\rho} = K_{GD} \tag{1-61}$$

K_{GD} 是气体的一种特性，由 Gladstone and Dale 定义为比折射度。

用气体分子量 M 相乘，则变为分子折射性，有：

$$M\frac{n-1}{\rho} = MK_{GD} = R_{GD} \tag{1-62}$$

式中，R_{GD} 为 Gladstone-Dale 分子折射性。

通常用 Lorenz-Lorentz 给出的流场密度与折射率之间的关系，有：

$$\left(\frac{n^2-1}{n^2+2}\right)\frac{1}{\rho} = \frac{2}{3}K_{GD} \tag{1-63}$$

n 近似等于 1 时，式（1-63）转化为 Newton-Laplace 公式：

$$(n^2-1)\frac{1}{\rho} = 2K_{GD} \tag{1-64}$$

$n \approx 1$ 时，式（1-64）转化为式（1-61）。

混合气体折射率可表示为：

$$(n-1)_{\text{mix}} = \sum_i K_i\rho_i \tag{1-65}$$

K_i 和 ρ_i 分别为每一种原子或分子组元的 Gladstone-Dale 常数和密度。

第 2 章

气动光学的光线追迹理论

2.1　费马原理

在光的传播被认为是一种波动时，就引入了波长的概念，而波长并非无限小，这就形成了小孔或狭缝产生的衍射现象。衍射效应随着波长的缩短而减小，并在波长 $\lambda \to 0$ 的极限情况下，就不再存在衍射效应。这时，光线通过小孔后的光斑仍然是与小孔尺寸一致的清晰光斑，不再是一个周边模糊的衍射光斑。因而在波长为零的极限情况下，能获得无限细的光柱，称为光线。在波长趋于零的极限情况下，光线确定了光能量传播的路径。光波长的数量级是微米量级，与应用光学范围的一般光学器件相比，可以忽略波长的有限大小，以这种近似为前提的光学领域称为光线光学。

在光线光学领域中，描述光线传播原理的是费马原理。根据这个原理，光线将沿着这样的路径传播，即这条路径与邻近的路径相比，所需要的传播时间取极值。设 $n(x,y,z)$ 表示随空间位置变化的折射率，即在折射率为 n 的介质中，光线通过的几何路径 $\mathrm{d}s$ 所需的时间为：

$$\mathrm{d}t = n \cdot \mathrm{d}s / c$$

在折射率为 n 的介质中，光线沿曲线从 A 点到 B 点，若 T 代表走过的几何路径的总时间，即：

$$T = \frac{1}{c} \int_{A \to B} n \mathrm{d}s \tag{2-1}$$

式中，c 是真空中的光速。光线从 A 点到 B 点的传播过程中，满足取极值的路径。光程满足条件为：

$$\partial \int_{A \to B} n \mathrm{d}s = 0 \tag{2-2}$$

这个表达式就是费马原理，表述为沿着一条光线的光程长度的微分必定为零。

其拉格朗日积分不变式为：

$$\oint n \vec{S} \cdot \mathrm{d}\vec{r} = 0 \tag{2-3}$$

式中，$n(x,y,z)$ 为介质的折射率，$\vec{S}$ 为光线传播的方向矢量；$\vec{r}$ 为光线轨迹点位移矢量。

也就是说，$\int_{P_1}^{P_2} n \vec{S} \cdot \mathrm{d}\vec{r}$ 与积分路径无关。

在如图 2-1 所示的光线传播路径中，$\overline{Q_1' Q_1}$，$\overline{Q_2 Q_2}$ 为等光程面，$\overline{C}$，C'，C'' 为与等光程

面垂直传播的光线，$\overline{C}$ 沿 $P_1 \overline{Q}_1 \overline{Q}_2 P_2$ 传播，另外一条光 C，沿 $P_1 Q_1 Q_2 P_2$ 传播，Q_1' 为过 Q_2 点光线与过 Q_1 点等光程面的交点。对小三角形 $Q_1' Q_1 Q_2$ 应用拉格朗日积分关系，有：

$$(n \vec{S} \cdot \mathrm{d} \vec{r})_{Q_1 Q_2} - (n \vec{S} \cdot \mathrm{d} \vec{r})_{Q_1' Q_2} + (n \vec{S} \cdot \mathrm{d} \vec{r})_{Q_1' Q_1} = 0 \qquad (2\text{-}4)$$

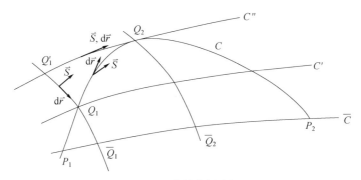

图 2-1　光的传播路径

由于

$$(n \vec{S} \cdot \mathrm{d} \vec{r})_{Q_1' Q_1} = 0 \qquad (2\text{-}5)$$

$$(n \vec{S} \cdot \mathrm{d} \vec{r})_{Q_1' Q_2} = (n \vec{S} \cdot \mathrm{d} \vec{r})_{Q_1 Q_2} \leqslant (n \mathrm{d} s)_{Q_1 Q_2} \qquad (2\text{-}6)$$

$\overline{Q}_1 \overline{Q}_2$ 和 $Q_1' Q_2$ 为两等光程面之间的光线：

$$(n \vec{S} \cdot \mathrm{d} \vec{r})_{Q_1' Q_2} = (n \mathrm{d} s)_{Q_1' Q_2} = (n \vec{S} \cdot \mathrm{d} \vec{r})_{\overline{Q}_1 \overline{Q}_2} = (n \mathrm{d} s)_{\overline{Q}_1 \overline{Q}_2} \qquad (2\text{-}7)$$

所以

$$(n \mathrm{d} s)_{Q_1 Q_2} \geqslant (n \mathrm{d} s)_{\overline{Q}_1 \overline{Q}_2} \qquad (2\text{-}8)$$

沿曲线积分有

$$\int_{\overline{C}} n \mathrm{d} s \leqslant \int_C n \mathrm{d} s \qquad (2\text{-}9)$$

当 n 为常数时，有：

$$\int_{\overline{C}} \mathrm{d} s \leqslant \int_C \mathrm{d} s \qquad (2\text{-}10)$$

这时，ds 为 $P_1 P_2$ 之间的直线段。

从上述原理可以看出，在均匀介质中，折射率处处相等，光线是直线传播，介质中两点之间直线的光程最短。在非均匀介质中，折射率 n 在变化，则其路径将是曲线。

2.2　光线在折射率场中的偏折

2.2.1　光线在折射率界面上的偏折

在两种介质形成的界面上，光线传播遵循折射定律，如图 2-2 所示。
由于

$$n_1 = c/v_1, n_2 = c/v_2 \qquad (2\text{-}11)$$

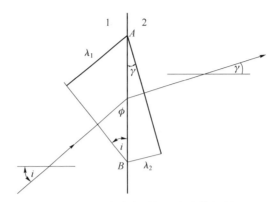

图 2-2　不连续介质界面上光的折射

$$n_{12}=\frac{n_2}{n_1}=\frac{v_1}{v_2}=\frac{\lambda_1}{\lambda_2}=\frac{AB\sin i}{AB\sin \gamma} \tag{2-12}$$

n_{12} 为两种不同介质相对折射率，而 n_1 或 n_2 是以真空中折射率（$n_0=1$）为对照的介质的绝对折射率，定义为 $n=c/v$，c 为真空中光的速度。通常把介质的绝对折射率称为折射率。对于标准状态下不同气体的折射率，有 $n=1+\delta$，δ 是一个小的变量，例如，空气中 $\delta=0.000\ 293$。

$n=c/v=(v+\Delta v)/v=1+\Delta v/v=1+\delta=1+\Delta\lambda/\lambda$，所以，$\delta$ 实际上是光速和波长在传播过程中的分数变化，通常在 10^{-4} 量级，因此可以记为 $\delta\ll1$。

对气体来说，严格地说，不可能存在折射率不连续性，但是，在气体中，折射率分层的概念是非常有用的，因为：

第一，有些气体动力现象非常接近不连续分层界面情况。例如激波，在激波面前后的密度变化很快，可以忽略分子运动的"混合"影响。激波的平均厚度看成分层界面。另一个情况是快速预混火焰，在很小空间间隔内，温差超过 2 000 ℃，在这些情况下，可以看成不连续界面。

第二，有一些状态是基于逐渐变化的突变区域，产生类似不连续界面所发生的结果，例如具有不同折射率的平行片层，光线斜入射在这些片层上时，出射的光线方向近似平行于入射光的方向。在预混火焰中，光线斜入射偏折就是这种情况，可采用不连续界面处理方法，简化计算。

为了计算如图 2-2 所示气体在界面的折射，用正弦公式，$\sin i/\sin \gamma=n_{12}$，$n_{12}=1+\delta_{12}$，$\delta_{12}\ll1$，可得到偏折角 ε。其定义为：

$$\varepsilon=i-\gamma \tag{2-13}$$

因此，$\sin \gamma=\sin i\cos \varepsilon-\cos i\sin \varepsilon$，由于 ε 很小，则：

$$\sin \gamma\approx\sin i-\varepsilon\cos i \tag{2-14}$$

由折射定理知：

$$\sin i/\sin \gamma=1+\delta_{12} \tag{2-15}$$

$$\sin \gamma=\sin i/(1+\delta_{12})\approx\sin i\cdot(1-\delta_{12}) \tag{2-16}$$

因此，由（2-14）（2-16），右边相等，有：

$$\sin i-\varepsilon\cos i=\sin i\cdot(1-\delta_{12}) \tag{2-17}$$

$$\varepsilon\approx\tan i\cdot\delta_{12} \tag{2-18}$$

如果平行光束通过一个半径为 R 的圆形折射率场，比如一个高温气体圆柱形射流的截面或者一个通过球形扩散的爆炸波的中心截面，也可用折射定律计算，如图 2-3 所示。

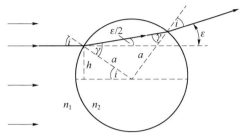

图 2-3　圆形折射率场

设入射光线平行于圆形折射率场的一条直径，距直径的入射高度为 h，ε 是总的偏折角，圆内外的介质折射率分别为 n_2 和 n_1。$n_1 > n_2$，外面冷，密度高，折射率大；里面热，密度小，折射率小。光束入射后，经过折射形成发散光（即向外测偏折），由光线的入射、出射点和圆心组成的三角形是等腰三角形，ε 角是由两次相等的偏折形成的，并利用光线的可逆性，有：

$$\varepsilon = 2(\gamma - i) \tag{2-19}$$

从图 2-3 中可知，$\sin i = h/a$，$\sin \gamma = \sin i / n_{12}\,(n_{12} < 1)$，而 $i = \sin^{-1}(h/a)$，因此，ε 角正比于 h，有：

$$\varepsilon = 2\{\sin^{-1}[h/(a \cdot n_{12})] - \sin^{-1}(h/a)\} \tag{2-20}$$

当 $h \to 0$ 时，可用小角度代替，则：

$$\varepsilon = 2(h/a)[(1/n_{12}) - 1] = 2h \cdot \delta_{12}/a \tag{2-21}$$

$$1 + \delta_{12} = 1/n_{12} \tag{2-22}$$

此时出射光束形成一个虚焦点，也就是说，光线小角度偏折看似从一点发出的那样，如图 2-4 所示。

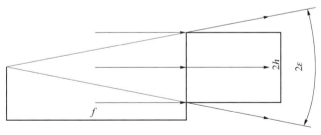

图 2-4　等效透镜

这个点与圆的距离就是焦距 f，即 $f \cdot \varepsilon = h$，有：

$$f = h/\varepsilon = \frac{a}{2[(1/n_{12}) - 1]} \cong a/2\delta_{12} \tag{2-23}$$

实际上，f/a 是相当大的，约大于 10^3 量级，故偏折角是很小的，可以忽略 h 的位置变化。

对于远离光轴的点，当 h 增加到 $h = a \cdot n_{12}$ 时，折射角 $\gamma = \sin^{-1}[h/(a \cdot n_{12})]$，这一项有

一个最终值$(\pi/2)$，发生全反射，没有光线折射到火球中。当$h > a \cdot n_{12}$时，式（2-13）的解是一个虚的假想值。因为第一次偏折使光线已经离开界面，光线不再进入第二次折射。

2.2.2 光线在连续折射率场中的偏折

1. 基于几何光学的光线偏折分析

在利用折射定律的基础上，可以将光波看成以不同速度通过连续折射率介质，则其方向是逐渐改变的，可以用光线的当地曲率半径R表示偏折，如图2-5所示，Σ_1、Σ_2为相邻时刻的等光程面，半径R垂直于入射光线方向，$\Delta\omega$为两等光程面夹角。

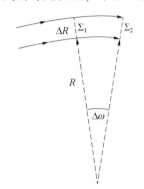

图2-5中上面的一端ΔR是在一个更小的折射率区域，波面的法线就会如图那样弯曲。由此可得到如下三个结论：

（1）光线总是朝着较高折射率方向偏折。

（2）相关的量值和折射率与距离的变化率有关。

（3）只有垂直于光线的折射率梯度的分量$(\mathrm{d}n/\mathrm{d}R)$是起作用的，使沿着光线传播方向的分量产生速度变化，且这个变化的速度影响整个小区域。

在给定的时间内，光线弧线划出的距离比值是一个速度比值（或波长比值），有：

图2-5 光线的弯曲

$$(R+\Delta R)\Delta\omega/R\Delta\omega = (v+\Delta v)/v \tag{2-24}$$

或者

$$\Delta R/R = \Delta v/v \tag{2-25}$$

根据$v = c/n$，及$\mathrm{d}v = -c/n^2\mathrm{d}n$，将它们代入式（2-25），得到一个极限值，有：

$$\frac{\mathrm{d}v}{\mathrm{d}R} = \frac{v}{R} = \frac{-\dfrac{c}{n^2}\mathrm{d}n}{\mathrm{d}R} = \frac{-\dfrac{v}{n}\mathrm{d}n}{\mathrm{d}R} \tag{2-26}$$

$$\frac{1}{R} = -\frac{1}{n}\frac{\mathrm{d}n}{\mathrm{d}R} \tag{2-27}$$

上述公式是精确和充分的，但是有时候希望把$(\mathrm{d}n/\mathrm{d}R)$用折射率梯度表示，即用矢量表示，通常用垂直于光线的折射率梯度的分量表示，即折射率梯度的最大方向用$\mathrm{grad}n$表示，而入射光线的方向用入射角i表示，则有：

$$\frac{1}{R} = -\frac{\mathrm{grad}n}{n} \cdot \sin i \tag{2-28}$$

也可以表示成：

$$\frac{1}{R} = -\mathrm{grad}(\ln n) \cdot \sin i \tag{2-29}$$

式中，负号只表示偏折是在折射率n增加的方向上。

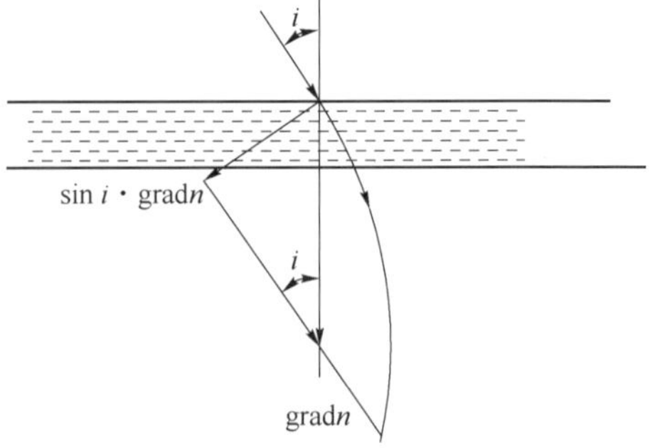

图2-6 用折射率梯度表示光线弯曲

现在可以方便地用直角坐标计算已知方向上入射光线的偏折。假如选择z轴平行于入射光方向，这样，沿光传播方向（z）的折射率梯度分量（dn/dz）对偏折计算变得不重要（除非偏折很大）。

假定所有光线还是保持与 z 轴平行，在 z 轴方向上的偏折很小，而且不至于影响介质中传播光线的方向，这样，问题可作为二元处理。折射率界面可看成互相平行的平面或者可看成一个很小的面积，在两个坐标中有一个坐标与之平行。例如，所有变化都在 z–y 平面中，平行于 z–y 平面的所有截面有同样的结果，如图 2-7 所示。

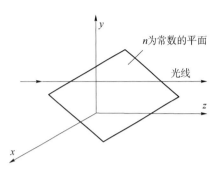

图 2-7　光线偏折及其坐标系

在 z–y 平面上的曲率半径为：

$$R = [1 + (dy/dz)^2]^{3/2}/(d^2y/dz^2) \quad (2\text{-}30)$$

这个公式也可从 $R \cdot d\omega = ds$ 推导得到，沿曲线上的小单元 $ds = (dz^2 + dy^2)^{1/2} = (1 + dy'^2)^{1/2}dz$，$\omega$ 是半径与 z 轴的夹角，则有：

$$\tan\omega = dy/dz = y', \omega = \arctan y', d\omega = \frac{y''}{1 + y'^2}dz \quad (2\text{-}31)$$

$$R = \frac{ds}{d\omega} \quad (2\text{-}32)$$

$$\frac{1}{R} = \frac{d\omega}{ds} = \frac{y''}{(1 + y'^2)^{3/2}} \quad (2\text{-}33)$$

由式（2-27）曲率半径与折射率的关系，光线的路径微分方程为：

$$\frac{d^2y/dz^2}{[1 + (dy/dz)^2]^{3/2}} = -\frac{1}{n}\frac{dn}{dy} \quad (2\text{-}34)$$

选用 z 轴为入射光方向，光线在 y–z 平面内偏折，初始值 $dy/dz = 0$。其中任何变化都是由偏折引起的，对于气体而言，偏折 $(dy/dz)^2$ 与 1 相比总是很小的，可以忽略不计。式（2-34）可写成：

$$\frac{d^2y}{dz^2} = -\frac{1}{n}\frac{dn}{dy} \quad (2\text{-}35)$$

两点之间积分后有：

$$\left(\frac{dy}{dz}\right)_{1,2} = -\int_1^2 \frac{1}{n}\frac{dn}{dy}dz \quad (2\text{-}36)$$

积分范围代表光线入射和出射的变化区域的位置，如图 2-8 所示。因为 $(dy/dz)_1 = 0$，所以最后的偏折角 ε 是很小的，则：

$$\varepsilon \approx \tan\varepsilon = \left(\frac{dy}{dz}\right)_2 = -\int_1^2 \frac{1}{n}\frac{dn}{dy}dz \quad (2\text{-}37)$$

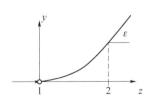

图 2-8　光线偏折的累积

这个结果还可以进一步简化，严格地说，公式的右端项代表光线路径上的线积分。所以，方向的变化也可指 y 方向的变化，然而偏折是很小的，沿 z 方向积分，可以满足要求，也就是沿光线的初始方向积分，有：

$$\varepsilon = -\int_0^z \frac{1}{n}\frac{dn}{dy}dz \quad (2\text{-}38)$$

这里 Z 是 z 方向扰动的一个区域，积分只是沿坐标进行（假定与光线轨迹不相关）。最后，对于气体而言，用 $\delta \ll 1$ 作近似，公式变成：

$$\varepsilon = -\int_0^Z \frac{1}{n} \frac{\partial \delta}{\partial y} \mathrm{d}z \tag{2-39}$$

$$n - 1 = \delta \tag{2-40}$$

上式是二元系统的简化形式，对于三元状态，由于角度和折射率梯度可以分解成两个独立分量，所以有以下两个公式：

$$\varepsilon_y = -\int_0^Z \frac{1}{n} \frac{\partial n}{\partial y} \mathrm{d}z \cong -\int_0^Z \frac{1}{n} \frac{\partial \delta}{\partial y} \mathrm{d}z \tag{2-41}$$

$$\varepsilon_x = -\int_0^Z \frac{1}{n} \frac{\partial n}{\partial x} \mathrm{d}z \cong -\int_0^Z \frac{1}{n} \frac{\partial \delta}{\partial x} \mathrm{d}z \tag{2-42}$$

2. 基于费马原理的光线偏折分析

上面是用几何光学方法对光在折射率场中的偏折进行了分析，下面由光传播的基本原理——费马原理推导光线在折射率场中的偏折。

光程是介质折射率与光线的几何路程的乘积，其物理意义是在与介质中传播相同的时间内，光在真空中传播的距离。

光线在连续变化的折射率场中的传播满足费马原理，光线的光程长度的微分必定为零，即：

$$\partial \int n(x, y, z) \mathrm{d}s = 0 \tag{2-43}$$

式中，s 为沿光线的弧长。

该变分问题等价于求解下面三个欧拉-拉格朗日方程：

$$\left.\begin{array}{l} \dfrac{\mathrm{d}}{\mathrm{d}s}\left(\dfrac{\partial F}{\partial x'}\right) = \dfrac{\partial F}{\partial x} \\[2mm] \dfrac{\mathrm{d}}{\mathrm{d}s}\left(\dfrac{\partial F}{\partial y'}\right) = \dfrac{\partial F}{\partial y} \\[2mm] \dfrac{\mathrm{d}}{\mathrm{d}s}\left(\dfrac{\partial F}{\partial z'}\right) = \dfrac{\partial F}{\partial z} \end{array}\right\} \tag{2-44}$$

$$F(x, y, z, x', y', z', s) = n(x, y, z)(x'^2 + y'^2 + z'^2)^{1/2} \tag{2-45}$$

$$\mathrm{d}s^2 = \mathrm{d}x^2 + \mathrm{d}y^2 + \mathrm{d}z^2 \tag{2-46}$$

$$(x'^2 + y'^2 + z'^2)^{1/2} = 1 \tag{2-47}$$

$$x' = \frac{\mathrm{d}x}{\mathrm{d}s}, y' = \frac{\mathrm{d}y}{\mathrm{d}s}, z' = \frac{\mathrm{d}z}{\mathrm{d}s} \tag{2-48}$$

$$\frac{\partial F}{\partial x'} = n \cdot \frac{2x'}{2\sqrt{x'^2 + y'^2 + z'^2}} = nx' = n\frac{\mathrm{d}x}{\mathrm{d}s} \tag{2-49}$$

同理

$$\frac{\partial F}{\partial y'} = n\frac{\mathrm{d}y}{\mathrm{d}s} \tag{2-50}$$

$$\frac{\partial F}{\partial z'}=n\frac{\mathrm{d}z}{\mathrm{d}s}\tag{2-51}$$

$$\frac{\partial F}{\partial x}=\frac{\partial n}{\partial x}\tag{2-52}$$

$$\frac{\partial F}{\partial y}=\frac{\partial n}{\partial y}\tag{2-53}$$

$$\frac{\partial F}{\partial z}=\frac{\partial n}{\partial z}\tag{2-54}$$

欧拉-拉格朗日方程（2-44）化为：

$$\left.\begin{array}{l}\dfrac{\mathrm{d}}{\mathrm{d}s}\left(n\dfrac{\mathrm{d}x}{\mathrm{d}s}\right)=\dfrac{\partial n}{\partial x}\\[2mm]\dfrac{\mathrm{d}}{\mathrm{d}s}\left(n\dfrac{\mathrm{d}y}{\mathrm{d}s}\right)=\dfrac{\partial n}{\partial y}\\[2mm]\dfrac{\mathrm{d}}{\mathrm{d}s}\left(n\dfrac{\mathrm{d}z}{\mathrm{d}s}\right)=\dfrac{\partial n}{\partial z}\end{array}\right\}\tag{2-55}$$

当光线入射平行于 z 方向时，可以消去 s 并把 x 和 y 作为 z 的函数，即：

$$\mathrm{d}s^2=\mathrm{d}z^2\left(1+\left(\frac{\mathrm{d}x}{\mathrm{d}z}\right)^2+\left(\frac{\mathrm{d}y}{\mathrm{d}z}\right)^2\right)\tag{2-56}$$

由中间变量求导关系 $\dfrac{\mathrm{d}}{\mathrm{d}x}=\dfrac{\mathrm{d}}{\mathrm{d}z}\cdot\dfrac{\mathrm{d}z}{\mathrm{d}x}$，有：

$$\frac{\mathrm{d}s}{\mathrm{d}x}=\frac{\mathrm{d}z}{\mathrm{d}x}\sqrt{\left(1+\left(\frac{\mathrm{d}x}{\mathrm{d}z}\right)^2+\left(\frac{\mathrm{d}y}{\mathrm{d}z}\right)^2\right)}\tag{2-57}$$

由中间变量求导关系，有：

$$\frac{\mathrm{d}}{\mathrm{d}s}=\frac{\mathrm{d}}{\mathrm{d}z}\cdot\frac{\mathrm{d}z}{\mathrm{d}s}=\frac{\mathrm{d}}{\mathrm{d}z}\cdot\frac{1}{\sqrt{\left(1+\left(\frac{\mathrm{d}x}{\mathrm{d}z}\right)^2+\left(\frac{\mathrm{d}y}{\mathrm{d}z}\right)^2\right)}}\tag{2-58}$$

式（2-55）第一式可展开为：

$$\frac{\mathrm{d}n}{\mathrm{d}s}\cdot\frac{\mathrm{d}x}{\mathrm{d}s}+n\cdot\frac{\mathrm{d}^2x}{\mathrm{d}s^2}=\frac{\partial n}{\partial x}\tag{2-59}$$

由复合函数求导关系，有：

$$\frac{\mathrm{d}}{\mathrm{d}s}\left(\frac{\mathrm{d}x}{\mathrm{d}s}\right)=\frac{\mathrm{d}}{\mathrm{d}s}\left(\frac{\mathrm{d}x}{\mathrm{d}z}\cdot\frac{\mathrm{d}z}{\mathrm{d}s}\right)=\frac{\mathrm{d}}{\mathrm{d}z}\left(\frac{\mathrm{d}x}{\mathrm{d}z}\cdot\frac{\mathrm{d}z}{\mathrm{d}s}\right)\frac{\mathrm{d}z}{\mathrm{d}s}=\frac{\mathrm{d}^2x}{\mathrm{d}z^2}\left(\frac{\mathrm{d}z}{\mathrm{d}s}\right)^2\tag{2-60}$$

将（2-58）（2-60）用于（2-59），我们得到：

$$\frac{\mathrm{d}n}{\mathrm{d}z}\cdot\frac{1}{\sqrt{\left(1+\left(\frac{\mathrm{d}x}{\mathrm{d}z}\right)^2+\left(\frac{\mathrm{d}y}{\mathrm{d}z}\right)^2\right)}}\cdot\frac{\mathrm{d}x}{\mathrm{d}z}\cdot\frac{1}{\sqrt{\left(1+\left(\frac{\mathrm{d}x}{\mathrm{d}z}\right)^2+\left(\frac{\mathrm{d}y}{\mathrm{d}z}\right)^2\right)}}+$$
$$n\frac{\mathrm{d}^2x}{\mathrm{d}z^2}\cdot\frac{1}{1+\left(\frac{\mathrm{d}x}{\mathrm{d}z}\right)^2+\left(\frac{\mathrm{d}y}{\mathrm{d}z}\right)^2}=\frac{\partial n}{\partial x}\tag{2-61}$$

对（2-61）进行变形，有：

$$\frac{dn}{dz} \cdot \frac{dx}{dz} + n\frac{d^2x}{dz^2} = \frac{\partial n}{\partial x} \cdot \left[1 + \left(\frac{dx}{dz}\right)^2 + \left(\frac{dy}{dz}\right)^2\right] \tag{2-62}$$

$$\frac{d^2x}{dz^2} = \frac{1}{n} \cdot \frac{\partial n}{\partial x} \cdot \left[1 + \left(\frac{dx}{dz}\right)^2 + \left(\frac{dy}{dz}\right)^2\right] - \frac{1}{n} \cdot \frac{dn}{dz} \cdot \frac{dx}{dz} \tag{2-63}$$

$$\frac{d^2x}{dz^2} = \left[1 + \left(\frac{dx}{dz}\right)^2 + \left(\frac{dy}{dz}\right)^2\right]\left[\frac{1}{n} \cdot \frac{\partial n}{\partial x}\right] - \frac{dx}{dz} \cdot \frac{1}{n} \cdot \frac{dn}{dz} \tag{2-64}$$

同理，有：

$$\frac{d^2y}{dz^2} = \left[1 + \left(\frac{dx}{dz}\right)^2 + \left(\frac{dy}{dz}\right)^2\right]\left[\frac{1}{n} \cdot \frac{\partial n}{\partial y}\right] - \frac{dy}{dz} \cdot \frac{1}{n} \cdot \frac{dn}{dz} \tag{2-65}$$

假设每一条光线在折射率变化场中只发生无限小的偏折，且在入射点满足 $\frac{\partial y}{\partial z} = 0$；$\frac{\partial x}{\partial z} = 0$，光线沿 z 方向传播。

假设沿光线入射方向折射率场梯度为 0，即，$\frac{dn}{dz} = 0$，式（2-64）（2-65）转化为：

$$\frac{d^2x}{dz^2} = \frac{1}{n} \cdot \frac{\partial n}{\partial x} = \frac{\partial}{\partial x}(\ln n) \tag{2-66}$$

$$\frac{d^2y}{dz^2} = \frac{1}{n} \cdot \frac{\partial n}{\partial y} = \frac{\partial}{\partial y}(\ln n) \tag{2-67}$$

当偏折角很小时，有：

$$\varepsilon_x \approx \frac{\partial x}{\partial z}; \varepsilon_y \approx \frac{\partial y}{\partial z} \tag{2-68}$$

ε_x、ε_y 分别为光线沿 x 方向和 y 方向的偏折角。式（2-67）转化为：

$$\frac{d\varepsilon_x}{dz} = \frac{\partial}{\partial x}(\ln n) \tag{2-69}$$

式（2-66）转化为

$$\frac{d\varepsilon_y}{dz} = \frac{\partial}{\partial y}(\ln n) \tag{2-70}$$

沿 z 方向积分式（2-69）（2-70），有

$$\varepsilon_y = \int_{z_1}^{z_2} \frac{1}{n} \cdot \frac{\partial n}{\partial y} dz \tag{2-71}$$

$$\varepsilon_x = \int_{z_1}^{z_2} \frac{1}{n} \cdot \frac{\partial n}{\partial x} dz \tag{2-72}$$

式中，z_1 和 z_2 分别为入射点和出射点的 z 坐标。

第3章

纹影法与阴影法

3.1 纹影法的基本原理

纹影法广泛应用于透明介质密度变化/光线偏折显示测量，其量程为 $10^{-6} \sim 10^{-3}$ 弧度，具有结构简单、分辨率高的特点。图 3-1 为典型双透镜纹影仪的原理光路图。透镜 L_1 和 L_2 在同一光轴上，被测流场位于透镜之间，位于透镜 L_1 焦点上的狭缝光源发出的光，经透镜 L_1 成为平行光，通过被测流场后再由透镜 L_2 聚焦后，照射在观察屏上。

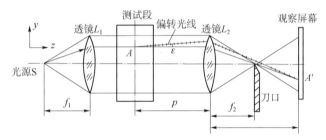

图 3-1　典型双透镜纹影仪的原理

设尺度为 $a_s \times b_s$ 的狭缝光源，在透镜 L_2 的焦平面上形成 $a_0 \times b_0$ 的像，如图 3-2 所示。有关系式

$$\frac{a_0}{a_s} = \frac{b_0}{b_s} = \frac{f_2}{f_1} \tag{3-1}$$

其中，f_1，f_2 分别为透镜 L_1 和 L_2 的焦距。此时，照在观察屏上的光强是均匀的。

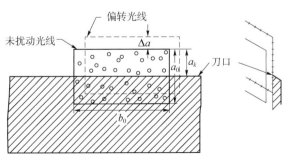

图 3-2　刀口处光源像示意图

在 L_2 焦点处置一刀口，使其在焦平面上移动，观察屏上的光强度因此而均匀变化。当

部分光源被刀口遮去时，光强用 I_k 表示，有

$$I_k = \frac{a_k}{a_0}I_0 \tag{3-2}$$

其中，I_0 为无刀口遮挡时观察屏上的光强；a_k 为未被遮挡的光源像高。

从测试段某点 $P(x, y)$ 射出的光线，因被测试场干扰，发生偏折，偏折角为 ε。设光线向上偏折，通过焦平面时，较焦点高出 Δa，通过主平面时，光线偏移 Δy，如图3-3所示。

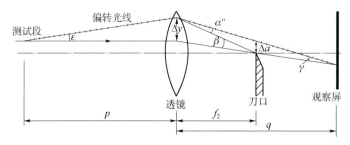

图3-3　偏转光线在刀口处的位移

当偏折角 ε 很小时，有：

$$\varepsilon = \frac{\Delta y}{p}; \quad \beta = \frac{\Delta y}{f_2}; \quad \gamma = \frac{\Delta y}{q} \tag{3-3}$$

其中，p 为测试段与透镜之间的距离；q 为透镜与观察屏之间的距离；角度 β，γ 如图3-3所示。

由几何关系，图3-3中角度 α'' 满足：

$$\alpha'' = \beta - \gamma = \Delta y\left(\frac{1}{f_2} - \frac{1}{q}\right) = \frac{\Delta y}{p} = \varepsilon \tag{3-4}$$

因此：

$$\Delta a = \alpha'' f_2 = \varepsilon f_2 \tag{3-5}$$

考虑到光线的向下偏折，则有：

$$\Delta a = \pm \varepsilon f_2 \tag{3-6}$$

光的偏折，使 P 点在观察屏上的像的光强 I_a 发生变化：

$$I_a = I_k\left(\frac{a_k + \Delta a}{a_k}\right) = I_k\left(1 + \frac{\Delta a}{a_k}\right) = I_k\left(1 \pm \frac{\varepsilon f_2}{a_k}\right) \tag{3-7}$$

式中，I_k 为光源像高为 a_k 时的光强，由（3-7）式可见，光强反映了偏折角的变化。

光强的相对变化称为对比度或反差，用 R_C 表示：

$$R_C = \frac{\Delta I}{I_k} = \frac{I_a - I_k}{I_k} = \frac{\Delta a}{a_k} = \pm \frac{\varepsilon f_2}{a_k} \tag{3-8}$$

其灵敏度为：

$$\frac{\partial R_C}{\partial \varepsilon} = \frac{f_2}{a_k} \tag{3-9}$$

灵敏度 R_C 正比于 f_2，反比于 a_k。减小 a_k 会增加灵敏度，但限制了光束向刀口的偏折范围。

如图 3-4 所示，初始光源像高 a_k 光线向下偏折，光源像下移，光屏变暗，下移量为 a_k 时，亮度为零，故最大下移量为 a_k，光线向刀口的最大偏折角为：

$$\varepsilon_{\max,-} = \frac{a_k}{f_2} \tag{3-10}$$

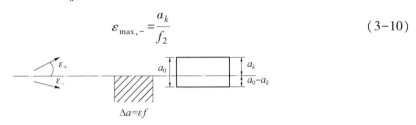

图 3-4　光线的偏折与光源像位移

大于该值时，光线被完全遮挡，不能照在观察屏上。

同样，光线向上偏折，光源像上移，光屏变亮，当上移量为 $a_0 - a_k$ 时，亮度最大，故最大上移量为 $a_0 - a_k$，光线离开刀口的最大偏折角为：

$$\varepsilon_{\max,+} = \frac{a_0 - a_k}{f_2} \tag{3-11}$$

当两个最大偏折角相等时，$a_k = a_0/2$，则：

$$\varepsilon_{\max,-} = \varepsilon_{\max,+} = \frac{a_0}{2f_2} = \frac{a_s}{2f_1} \tag{3-12}$$

光线沿刀口方向 x 偏折，偏移是平行于刀口的，故不影响观察屏上的照度。

如果将刀口和光源同时旋转 $90°$，便可研究 x 方向的偏折。

纹影像对比度与流场密度梯度均的关系为：

$$R_C = \pm \frac{f_2}{a_k} \int_{z_1}^{z_2} \frac{1}{n} \frac{\partial n}{\partial y} \mathrm{d}z = \pm \frac{K_{GD} f_2}{a_k} \int_{z_1}^{z_2} \frac{1}{n} \frac{\partial \rho}{\partial y} \mathrm{d}z \tag{3-13}$$

$$R_C = \pm \frac{f_2}{a_k} \int_{z_1}^{z_2} \frac{1}{n} \frac{\partial n}{\partial x} \mathrm{d}z = \pm \frac{K_{GD} f_2}{a_k} \int_{z_1}^{z_2} \frac{1}{n} \frac{\partial \rho}{\partial x} \mathrm{d}z \tag{3-14}$$

式（3-13）（3-14）推倒中用到气体折射率与密度关系式

$$\delta = \mathrm{n} - 1 = K_{GD} \rho \tag{3-15}$$

$$\frac{\partial n}{\partial x} = K_{GD} \frac{\partial \rho}{\partial x}; \frac{\partial n}{\partial y} = K_{GD} \frac{\partial \rho}{\partial y} \tag{3-16}$$

纹影方法的灵敏度极限分析：

由于

$$R_C = \frac{\Delta I}{I_k} = \frac{I_a - I_k}{I_k} = \frac{\Delta a}{a_k} = \pm \frac{\varepsilon f_2}{a_k} \tag{3-17}$$

纹影方法可检测的偏折角为：

$$\varepsilon = \frac{\Delta I}{I_k} \cdot \frac{a_k}{f_2} \tag{3-18}$$

一般认为，人眼睛可以分辨出 0.1 的衬度 $\left(\dfrac{\Delta I}{I_k}\right)$ 是没有问题的。随着数字相机和计算机图像处理技术的发展，分辨出 0.01 的衬度是可能的。假设可分辨的衬度为 0.01，那么，纹影系统可测量的最小偏折角为：

$$\varepsilon_{\min} = 0.01 \frac{a_k}{f_2} \qquad (3-19)$$

可见，a_k 减小，$\varepsilon_{\min}$ 减小，则灵敏度增加。一般来说，焦距 f_2 是固定的，a_k 的最小值受到以下几个因素限制：

成像面上的照度；

可以采用强光源和高灵敏度相机；

系统偏折角；

由于 $\dfrac{\Delta I}{I_k} = \dfrac{\varepsilon f_2}{a_k} \leqslant 1$，则：

$$\varepsilon \leqslant \frac{a_k}{f_2} \qquad (3-20)$$

$$\varepsilon_{\max} \leqslant \frac{a_{k\min}}{f_2} \qquad (3-21)$$

由式（3-21）、式（3-9）可见，孔径 a_k 增加，量程 $\varepsilon_{\max}$ 增加，灵敏度降低；孔径 a_k 减小，量程 $\varepsilon_{\max}$ 降低，灵敏度增加。

减小孔径的最主要限制来自衍射效应；

由于衍射效应，一个物体的像没有清晰的棱边，而是被宽度近似为 μ 的衍射条纹所包围：

$$\mu = \frac{\lambda l}{d} \qquad (3-22)$$

式中，λ 为波长；d 为光路中最小通光孔径；l 为小孔（或出瞳）至像面的距离。

在纹影系统中有两个成像过程，一个是将光源成像在刀口平面上，另一个是将流场成像在照相平面上。这两个成像过程都要求精确成像，因为第一个成像过程中的离焦会使照相平面上的照度变化不能用式（3-23）来描述，第二个成像过程离焦会使流场中的扰动区域不能清晰聚焦，影响了图像分辨率。

$$R_C = \frac{\Delta I}{I_k} = \frac{I_a - I_k}{I_k} = \frac{\Delta a}{a_k} = \pm \frac{\varepsilon f_2}{a_k} \qquad (3-23)$$

下面主要分析第一个成像过程，因为它决定着允许使用的最小孔径 $a_{k\min}$，从而给出纹影系统灵敏度的一个量度。

在纹影系统中，形成光源像的光束最小孔径是纹影透镜的通光孔径 d_2。光源成像示意图如图 3-5 所示。

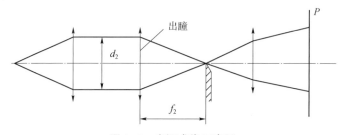

图 3-5　光源成像示意图

因此，光源像的衍射宽度为：

$$\mu = \frac{\lambda f_2}{d_2} \qquad (3-24)$$

如 $d_2 = 300$ mm，$f_2 = 3\ 000$ mm，$\lambda = 0.6\ \mu$m。代入上式，$\mu = 0.006$ mm，若 $a_k = 0.6$ mm，则光影像衍射密度 μ 只占 a_k 的 1%。当 a_k 很小时，它的影响很明显。

若取 $a_k = 0.12$ mm，$\Delta I/I = 0.1$，则：

$$\varepsilon = \frac{\Delta I}{I_k} \cdot \frac{a_k}{f_2} \qquad (3-25)$$

由此，系统可检测的最小偏折角 $\varepsilon_{\min} = 4 \times 10^{-6}$ rad。

对不均匀流场，当流场中为直径 $d_t < d_2$ 的不均匀区时，通过这部分不均匀区的光线所形成的光源不仅移动了 Δa，也被一个衍射条纹带所包围，此条纹宽度为：

$$\mu_t = \frac{\lambda f_2}{d_t} \qquad (3-26)$$

假设 $\mu_t \leqslant 0.2 a_k$，即 $\dfrac{\lambda f_2}{d_t} \leqslant 0.2 a_k$，可得所容许的光源像的最小剩余宽度 $a_{k\min}$ 为：

$$a_{k\min} > \frac{5\lambda f_2}{d_t} \qquad (3-27)$$

当 $d_t = 300$ mm，$f_2 = 3$ m，$\lambda = 0.6\ \mu$m 时，$a_{k\min}$ 为 30 μm。

3.2　纹影法的实验装置

纹影法的实验装置在光学仪器系统中属于共轴球面系统。纹影仪的核心部件是"刀口"的空间滤波。它把光源在焦面上的频谱滤去，则可在观察屏幕上显示被测量流场的纹影图。

纹影仪系统按照光线通过被测流场区的形状，分为平行光纹影仪和锥形光纹影仪两大类。两类纹影仪的光学成像原理及纹影图的分析方法相同。锥形光纹影仪的结构简单，其灵敏度可以达到平行光纹影仪的一倍。但是，这种仪器由于是同一条光线反复经过被测量流场区，带来了被测流场的图像失真。锥形光纹影仪适用于对低速气流场的显示；平行光纹影仪能够真实地反映气流场密度的变化，又便于改造成干涉纹影仪系统，在超声速流场的研究中得到了广泛的应用。

平行光纹影仪又分为透射式和反射式两种。透射式的光学成像质量好，但要加工大口径的双球面透镜非常困难；反射式的光学成像虽然带有轴外光线（不同轴）成像造成的彗差和像散两类像差，但是，只要采用"Z"形光路布置和在仪器使用时将刀口面调整到系统的焦平面和径向焦点上，就可以减少或消除两类像差，得到满意的结果。人们在分析纹影法成像时，常常采用透射式系统，在应用中，选用反射式系统。

由位于主轴外的某一轴外物点，向光学系统发出的宽光束，经该光学系统折射后，若在理想焦平面处不能结成清晰点，而是结成拖着明亮尾巴的彗星形光斑，则此光学系统的成像误差称为彗差，如图3-6所示。

选取两个互相垂直的平面光束，来近似说明整个光束的情况。子午面：由光轴和主光线

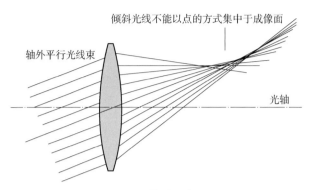

图 3-6　彗差示意图

决定的面。弧矢面：过主光线并且与子午面垂直的面。如图 3-7 所示。

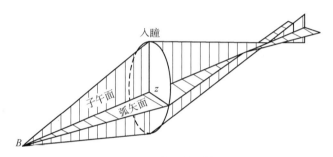

图 3-7　子午面与弧矢面

子午彗差：在图 3-8 中，轴外物点 B 发出充满入瞳的一束光，这束光以通过入瞳中心的主光线为对称中心。主光线 z 和一对上下光线 a、b，折射前，上下光线相对于主光线对称，而折射后，上下光线不再对称于主光线，它们的相交点偏离了主光线。

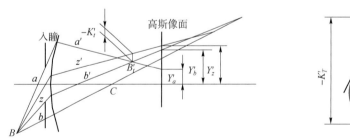

图 3-8　子午彗差形成过程

为了分析这一原因，我们作一条连接轴外物点 B 和球心 C 的辅助光轴。显然，物点 B 可看作辅助光轴上的一点，它发出的 a、b 光线对和主光线 z 对辅助光轴相当于三条不同孔径角的入射光线，由于系统存在球差，三条光线不能交于一点，这就使得原本对称主光线的一对上下光线，出射后不再关于主光线对称。我们把这种上下光线对的交点 B'_t 到主光线的垂直距离称为子午彗差，记为 K'_t。它的大小反映了子午光束失对称的程度。

由于 a、b 上下光线对的交点并不在理想像面上，为了计算上的方便，我们把上下光线交点高度用它们在像面上的各自交点的高度 Y'_a 和 Y'_b 的平均值代替，相应主光线的高度用主光线在像面上的高度 Y'_z 表示，则子午彗差数学定义为：

$$K'_t = \frac{1}{2}(Y'_a + Y'_b) - Y'_z \tag{3-28}$$

再看弧矢面的情况，图 3-9 所示是物点 B 以弧矢光线成像的立体图，弧矢面内有一对前、后光线 c、d，它们对称于主光线，因此，它们也对称于子午面，因此，成像光线的交点也必然在子午面内。这对光线在入射前虽然对称于主光线，但是它们的折射情况与主光线不同。

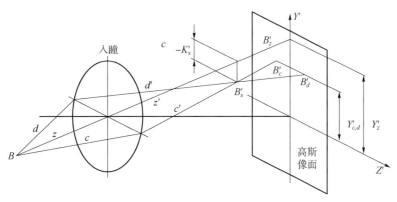

图 3-9　弧矢彗差示意图

主光线在子午面内折射，而 c、d 光线在由入射光线和入射点法线所决定的平面内折射，因此，它们虽相交在子午面内，但并没有交在主光线上，这样也使得这对光线出射后不再关于主光线对称，它们的交点 B'_s 到主光线的垂直距离称为弧矢彗差，记为 K'_s。同样在像面上度量，即：

$$K'_s = Y'_c - Y'_z = Y'_d - Y'_z \tag{3-29}$$

彗差的校正：

彗差是和视场和孔径有关的一种垂直像差；

当光阑位于球心时，不产生彗差；

改变光阑位置时，彗差发生改变；

对称结构彗差自动消失。

典型的纹影法实验装置的光路图如图 3-10 所示。

（1）使用透镜的实验装置 ［图 3-10（a）］；

（2）使用反射镜的实验装置：

①双反射镜实验装置 ［图 3-10（b）］；

②单反射镜实验装置 ［图 3-10（c）］；

平行光纹影实验系统如图 3-10（a）、（b）所示，锥形光纹影实验系统如图 3-10（c）所示。

在平行光纹影系统中，光源光线经过第一透镜式反射镜变成平行光线通过试验区域，再由第二透镜或反射镜汇聚经由刀口到达光屏；在锥形光纹影实验系统中，光源光线经由半透半反镜反射进入测试区域，再由纹影反射后第二次经过试验测试区，再经半透半反镜透射后到达光屏/照相胶片。

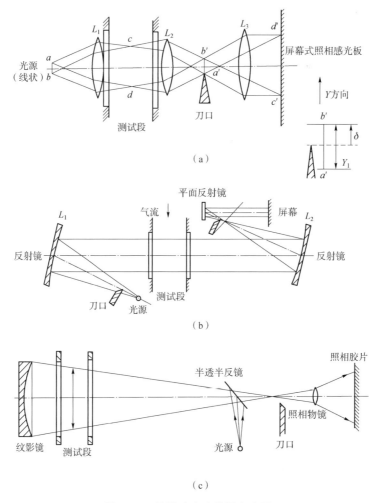

图 3-10 纹影法实验装置光路图

（a）双透镜纹影仪；（b）双反射镜纹影仪；（c）单反射镜纹影仪

3.3 自发光滤波的偏振光旋转激光纹影光学系统

对高温气流自发光现象的流动显示，流场发光光谱的复杂性影响了纹影方法的应用。尽管人们利用各种滤波技术，但效果总是不佳。最容易想到的方法是利用单色性很好的激光光源，配合窄带滤光片，让激光作为纹影偏折光通过，阻挡被研究现象的自发光干扰。但是，这仅是理论上的理想方法，因为：

（1）用窄带滤光片完全阻挡除激光以外的波长是有困难的。

（2）被通过的激光波长能量也会大大减少，不能满足纹影系统中应有的照度。

（3）单色激光相干性好，用普通的纹影刀口光阑时，衍射条纹使图像模糊。激光束本身也必须用空间滤波或其他技术改善光束质量。

在普通的纹影系统中，用偏光旋光晶体代替普通刀口光阑，配合偏光片的调整，利用激光束平面偏振的特性，可实现流场纹影偏折光的显示。这样既排除了自发光的干扰影响，又克服了单纯滤光片滤光的缺点，充分发挥了激光单色光的有利条件，根据客观现象的光谱分布，可选用不同波长的激光光源。偏振光旋转的激光纹影系统如图 3-11 所示。

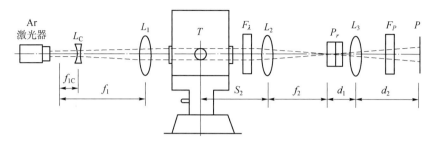

图 3-11 偏振光旋转激光纹影系统

氩离子（Ar⁺）激光器是一种惰性气体离子激光器，是目前在可见光区域输出功率最高的一种连续工作的激光器，一般输出功率为几瓦或几十瓦，在可见光区域可发射多条振荡谱线，其中以波长 514.5 nm（绿色）和 488 nm（蓝色）的最强。

在激光纹影光学系统中，连续波氩激光光源（$\lambda = 488$ nm）的光束由双凹透镜 L_c 发散，满足第一纹影镜 L_1 的焦距和孔径的要求，使 L_1 和 L_c 的焦点重合，由第一纹影镜 L_1 准直后的平行光束通过试验段 T，同时用带通滤光片 F_λ，其目的是排除激光本身的光谱（$\lambda = 514.5$ nm）以及现象的自发光。由第二纹影镜 L_2 将平行光束聚焦，在原来刀口位置设置一个旋光孔径光阑（由晶体棱镜和偏光片组成），石英晶体棱镜 Pr，其 30° 棱角的直角平面处于刀口平面上，也就是第二纹影镜的焦平面。在石英晶体棱镜后面有一块补偿棱镜，如图 3-12 所示。此后用聚焦物镜 L_3，将试验段 T 的流场成像在底片平面 P 上。在 L_3 与像平面 P 之间利用偏光片 Fp 进行光束透过率调节，得到满意的纹影反差。

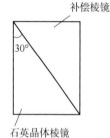

图 3-12 带补偿棱镜的旋光镜

a. 石英晶体棱镜的偏振光旋转特性

激光的平面偏振特性为石英棱镜和偏振片组成的旋光光阑作为纹影光阑创造了条件。偏振光通过垂直于晶轴方向切割的石英晶体时，光束的偏振面会发生旋转，尤其是光束平行于晶体光轴方向通过时，偏振面的旋转更为明显。当平面偏振光通过石英晶体后，仍然是平面偏振光，而其偏振面已转动了某一角度，这个角度称为偏振面的旋转角 θ，如图 3-13 所示。

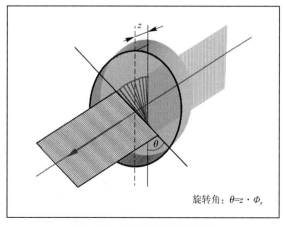

旋转角：$\theta = z \cdot \Phi_s$

图 3-13 石英晶体旋光特性

旋转角 θ 的大小与入射光波长 λ、晶体材料的旋光率 Φ_s 及厚度 z 有关。旋光率 Φ_s 代表某种材料在某种波长情况下，厚度为 1 mm 晶片引起偏振面旋转的角度。偏振面旋转分左、右两个方向，左旋率与右旋率相等（$\Phi_{s+}=\Phi_{s-}$），石英晶体的旋光率简略列于表 3-1，旋光率与波长平方成反比，定义 $\beta=\lambda^{-2}\times10^{-10}$，在可见光范围内，基本属于线性变化。

表 3-1 石英晶体旋光率

$\Phi_s/(°)/mm$	λ/nm	$\beta(\lambda^{-2}\times10^{10})$	$\Phi_s/(°)/mm$	λ/nm	$\beta(\lambda^{-2}\times10^{10})$
201.9	226	19.5	29.7	509	3.9
153.9	250	16.0	27.5	527	3.6
95.0	303	10.9	26.5	535	3.5
72.5	340	8.6	25.5	546	3.4
50.9	397	6.4	22.1	639	2.9
41.5	439	5.3	15.6	688	2.1
32.8	488	4.2			

b. 偏折光束经过棱镜的不同部位（厚度）

经过试验段密度梯度场后，平行光束不同程度地偏折，导致在石英晶体棱镜的垂直表面上的入射位置发生变化（相当于刀口光阑上光线的偏移），此时，在棱镜不同厚度上通过的光线，产生的偏振面旋转角度也不同，这样就区分出偏折光束的偏折程度的差异以及偏折光束与未被扰动光束的差别，由偏振片将不同的旋转角度转化为不同的透射程度，从而在成像平面形成相应的明暗区域而得到流场的纹影像。如图 3-14（a）所示，偏折光束在棱镜中传播的光学厚度不同。偏折位移 $\Delta Y=f_2\cdot\varepsilon$，$f_2$ 为第二纹影镜焦距，ε 为光束偏折角，由于光线偏折造成的棱镜厚度差 $\Delta Z=\tan\alpha\cdot\Delta Y$。每条不同偏折光线的偏振面旋转角度不同。图 3-14（b）表示匹配一个普通的光学玻璃棱镜，作为补偿棱镜（两个棱镜折射率相同，$n=1.55$）避免光束通过石英晶体棱镜后，整个光束的偏离。

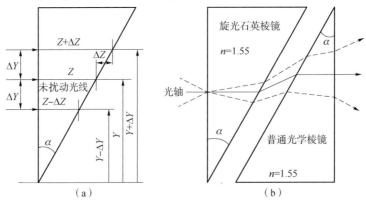

图 3-14 棱镜中的光束路径差以及双棱镜光束追迹

（a）棱镜中光束路径差；（b）匹配补偿棱镜

c. 纹影系统的调整

为了得到良好的纹影效果，整个系统必须精确调整，尤其是石英晶体棱镜和偏光片。在基本纹影系统调整以后，在没有棱镜和试验现象情况下，调整偏光片，使整个系统的透过率为 50%，然后调整棱镜在光轴上的前后位置及晶体的光轴方向，使视场反差达到明暗适中，若太亮或太暗，则微调转动偏光片，增加或减少透光率，反复调整这两个组件，直到有好的背景和好的纹影效果为止，好的背景就如刀口纹影系统中取最亮和最暗的一半状态。

d. 纹影灵敏度的匹配

旋光光阑，即石英棱镜和偏光镜的组合，能控制纹影灵敏度和反差。它与普通刀口光阑相比较，有两点主要差别，第一，用偏光镜控制的透射和吸收偏振光的特性，即旋转偏光镜轴线，限制视场的亮和暗的程度，纹影反差是由光学系统总的灵敏度及偏光镜位置决定的。对于给定的密度梯度变化，能达到较高的明暗反差。第二，有可能使不同的光束总偏折角（密度梯度引起的）出现相当的纹影反差结果。也就是说，这种旋光光阑具有周期性的特点，它取决于整个系统灵敏度以及偏光透镜光轴方向相对于未扰动光线偏振方向的关系。

偏光镜的最大透光轴与最大吸收轴之间有一个 90° 的夹角。通常，在通过第二纹影镜后，未被扰动光束的偏振方向，处于偏光镜的两个极轴之间（即分别为 45° 夹角），如图 3-15 所示，其透光强度变化符合 Malus 定律，即 $I = I_0 \cos^2 \theta$。

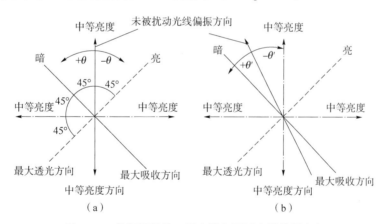

图 3-15　偏振镜吸收、透光轴与测试光线偏振方向

由于流场的最大密度梯度变化，通过纹影系统后，能使偏折光束有一个最大的旋光角度（±45°），这对应于最亮和最暗的状态，形成最佳的纹影效果，如图 3-15（a）中的情况，当对同样的密度梯度状态提高纹影系统的灵敏度时，这个旋转角度会更大。如果偏折光束偏振方向旋转超过 ±45° 时，会出现反向误差（密度梯度），此时就要降低光学系统的纹影灵敏度 $\varepsilon_{\min}$。当未被扰动光束的偏振方向不是 45° 角位置，而是如图 3-15（b）所示的状态（$\theta' = 45°/2$），此时，在一个方向上变得更精确，纹影视场的亮度更小。

偏折光线偏振方向总的旋转角度（φ_t）与偏折位移 ΔZ（mm）以及旋光棱镜旋转度 Φ_s（°/mm）相关，即：

$$\varphi_t = \Phi_s \Delta Z \tag{3-30}$$

而

$$\Delta Z = \Delta Y \cdot \tan \alpha, \quad \Delta Y = f_2 \cdot \varepsilon \tag{3-31}$$

对于光路长度为 L 的密度变化区域，基本光学系统形成的光束偏折角为：

$$\varepsilon = \int_0^L \left[\frac{1}{n} \frac{\mathrm{d}n}{\mathrm{d}y} \right] \mathrm{d}z \approx \frac{L \cdot K_{GD}}{1 + K_{GD} \cdot \rho_s} \cdot \frac{\mathrm{d}\bar{\rho}}{\mathrm{d}y} \tag{3-32}$$

$$n - 1 = K_{GD}\rho$$

式中，ρ_s 为标准状态下的参考密度，因此，偏折光束偏振方向总的旋转角度为：

$$\varphi_t = \Phi_s f_2 \cdot \tan \alpha \cdot \frac{L \cdot K_{GD}}{1 + K_{GD} \cdot \rho_s} \frac{\mathrm{d}\bar{\rho}}{\mathrm{d}y} \tag{3-33}$$

对于偏光镜，它的透光系数不仅与偏振光轴和偏光镜偏振轴的夹角相关，而且随入射波长和偏振片的类型变化，有：

$$I_\theta = \left[(K_1 - K_2) \cos^2 \theta + K_2 \right] \tag{3-34}$$

式中，K_1，K_2 是透光系数；θ 为偏振方向与偏振轴的夹角。例如，HN42 偏振镜，对于入射波长为 530 nm 的偏振光，它的 $K_1 = 40\%$，$K_2 = 2\%$。若按 $\theta = 45°$ 计算，则 $I_\theta = 0.21$。通常纹影像最小可探测的照度反差为 10%（扰动区与非扰动区），即扣除可分辨照度反差 $10\% \times I_\theta = 0.021$ 的变化量，余下照度 $I'_\theta = 0.21 - 0.021 \approx 0.19$，由式（3-34）可得 $\theta' = 48°5'$，则有 $\Delta\theta' = 3°5' = 3.083°$ 的变化。而从表 3-1 中可得到，波长在 530 nm 时，在石英晶体中光波的偏振旋光率约为 $\Phi_s = 27°/\mathrm{mm}$，那么在石英棱镜中扰动光束与未被扰动光束路径差为 $\Delta Z = \Delta\theta'/\Phi_s = 0.114$ mm，这相当于在棱镜较长边光线偏移 $\Delta Y = \Delta Z/\tan \alpha = \Delta\theta'/\Phi_s/\tan \alpha$，当 $\alpha = 30°$ 时，则偏移约为 $\Delta Y = 0.198$ mm ≈ 0.2 mm，若第一纹影镜焦距 $f_2 = 1\ 200$ mm，则能被探测的最小偏折角 $\varepsilon_{\min} = 1.67 \times 10^{-4}$ rad。

以上为最小偏折角分析过程同样可基于微分方法近似得到可测量最小偏折角。

$$\Delta Z = \tan \alpha \cdot \Delta Y \tag{3-35}$$

$$\Delta Y = \varepsilon \cdot f \tag{3-36}$$

$$\Delta I_\theta = 10\% I_{\theta=45°} \tag{3-37}$$

$$I_{\theta=45°} = (K_1 - K_2) \cos^2 \theta + K_2 = \frac{K_1 + K_2}{2} = 0.21 \tag{3-38}$$

$$\Delta I_\theta = (I)'_{\theta=45°} \mathrm{d}\theta = \left[2(K_1 - K_2) \cos \theta \sin \theta \right]_{\theta=45°} \cdot \mathrm{d}\theta \tag{3-39}$$

$$\mathrm{d}\theta = \frac{\Delta I_\theta}{K_1 - K_2} \cdot \frac{180}{\pi} \approx 3.15° \tag{3-40}$$

$$\mathrm{d}Z = \frac{\mathrm{d}\theta}{\Phi_s} = \frac{3.15}{27} \approx 0.117 \text{ mm} \tag{3-41}$$

$$\mathrm{d}Y = \frac{\mathrm{d}Z}{\tan \alpha} = \frac{0.117}{\tan 30°} \approx 0.203 \text{ mm} \tag{3-42}$$

$$\varepsilon = \frac{\mathrm{d}Y}{f} = \frac{0.203}{1\ 200} \approx 1.7 \times 10^{-4} \text{rad} \tag{3-43}$$

综合计算公式：

$$\varepsilon_{\min} \approx \frac{5\%(K_1+K_2)\cdot180}{(K_1-K_2)\cdot\Phi_s\cdot f\cdot\tan\alpha\cdot\pi} \approx 1.7\times10^{-4}\mathrm{rad} \tag{3-44}$$

以上分析基于对比度分辨率为 10%，当采用计算机进行图像分析，采用其他分辨率时，分析与计算方法相同。

3.4　光的衍射单元

3.4.1　惠更斯−菲涅耳原理

3.4.1.1　惠更斯原理（C. Huygens，1678 年）

惠更斯认为，波前上每一个点都可看作发出球面子波的波源，这些子波的包络面就是下一时刻的波前，如图 3-16 所示。

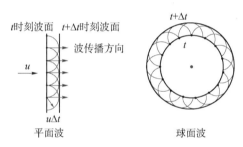

图 3-16　波的传播

应用惠更斯原理，可通过作图法确定下一时刻的波前位置，能解释直线传播、反射 、折射、晶体的双折射，如图 3-17 所示。

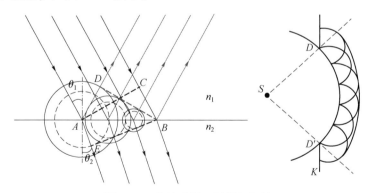

图 3-17　光的反射、折射与衍射

缺陷：不能完全说明衍射现象，即光的强度分布问题。

3.4.1.2　惠更斯−菲涅耳原理

1818 年，菲涅尔（A. J. Fresnel）运用子波可以相干叠加的思想对惠更斯原理做了补充修正：

（1）波传到的任意点都是子波的波源；

（2）各子波在空间各点可进行相干叠加。

在光场中任取一个包围光源的闭合曲面，该曲面上每一点均是新的次波源，观察点 P 的振动是曲面上所有次波源发出的次波的相干叠加，如图 3-18 所示。

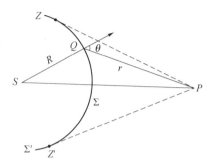

图 3-18　点光源 S 对 P 点的作用

考察点光源 S 对空间任意一点 P 的作用，可选取 S 和 P 之间任一个波面，并以波面上各点发出的子波在 P 点相干叠加的结果代替 S 对 P 的作用。引入以下参数：

$$R = c \cdot t; \mathrm{e}^{i\omega t} = \mathrm{e}^{i\omega \frac{R}{c}} = \mathrm{e}^{ikR}; \quad k = \frac{\omega}{c} \tag{3-45}$$

式中，ω，c 分别为光的角频率和真空中的速度。

单色点光源 S 在波面上任一点 Q 产生的复振幅为：

$$E_Q = \frac{A}{R} \exp(ikR) \tag{3-46}$$

式中，A 为振幅；R 为光源到 Q 的距离。

将波阵面 Σ 上的每一面元 $\mathrm{d}S$ 看作一个子波的扰动中心，扰动以球面子波的形式传播，便可得到 Q 点面元 $\mathrm{d}S$ 对 P 点光场的贡献为：

$$\mathrm{d}E(P) = K(\theta) \frac{A\, \mathrm{e}^{ikR}}{R} \cdot \frac{\mathrm{e}^{ikr}}{r} \mathrm{d}S \tag{3-47}$$

式中，$E(P)$ 为 P 点光场复振幅，$K(\theta)$ 为倾斜因子，θ 为衍射角。

P 点光场复振幅可表示为：

$$E(P) = C \iint_{\Sigma} E_Q \frac{\mathrm{e}^{ikr}}{r} K(\theta)\, \mathrm{d}S \tag{3-48}$$

3.4.1.3　菲涅尔-基尔霍夫衍射公式

基尔霍夫从波动方程出发，用场论的数学工具导出较严格的公式。菲涅尔-基尔霍夫衍射分析如图 3-19 所示。

单色光源 S 发出的球面波照射到衍射开孔上，在孔径后任意一点 P 处产生光振动的复振幅：

$$E(P) = \frac{A}{i\lambda} \iint_{\Sigma} \frac{\exp(ikl)}{l} \cdot \frac{\exp(ikr)}{r} \left[\frac{\cos(n,r) - \cos(n,l)}{2} \right] \mathrm{d}S \tag{3-49}$$

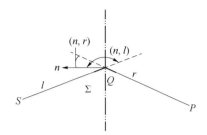

图 3-19 菲涅尔-基尔霍夫衍射

公式的相通:

菲涅尔-基尔霍夫公式

$$E(P) = \frac{A}{i\lambda} \iint_{\Sigma} \frac{\exp(ikl)}{l} \cdot \frac{\exp(ikr)}{r} \left[\frac{\cos(n,r) - \cos(n,l)}{2} \right] dS$$

两式一致

$$C = \frac{1}{i\lambda} \; ; \; E(Q) = \frac{A\exp(ikl)}{l}$$

$$K(\theta) = \frac{\cos(n,r) - \cos(n,l)}{2}$$

$$E(P) = C \iint_{\Sigma} E(Q) \frac{\exp(ikl)}{r} K(\theta) d\sigma$$

惠更斯-菲涅耳的积分公式

若入射光是垂直入射到开孔的平面波,则:

$$\cos(n,l) = -1 \; ; \; \cos(n,r) = \cos\theta \; ; \; K(\theta) = \frac{1+\cos\theta}{2}$$

$$E(P) = \frac{A}{i\lambda} \iint_{\Sigma} \frac{\exp(ikl)}{l} \cdot \frac{\exp(ikr)}{r} \left[\frac{1+\cos\theta}{2} \right] dS \tag{3-50}$$

3.4.2 菲涅耳衍射和夫琅禾费衍射

3.4.2.1 两类衍射现象的特点

(1) 衍射的分类

根据光源、接收屏到障碍物的距离,可将衍射分为菲涅尔衍射和夫琅禾费衍射两类,如图 3-20 所示。

(2) 菲涅耳衍射——近场衍射

光源和接收屏到障碍物的距离都有限或其中之一有限。在光屏上出现环状衍射条纹,如图 3-21 所示。

(3) 夫琅禾费衍射——远场衍射

光源和接收屏到障碍物的距离都无限(平行光束),如图 3-22 所示。

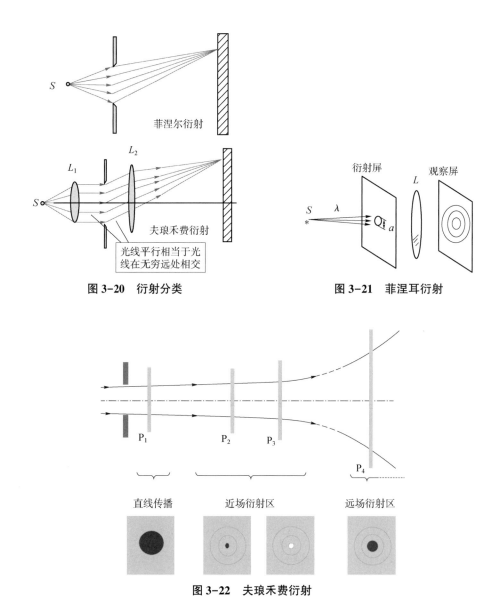

图 3-20　衍射分类

图 3-21　菲涅耳衍射

图 3-22　夫琅禾费衍射

P$_1$ 区：几何光学区，即光斑边缘清晰，大小与障碍物的通光口径基本相同；

P$_2$-P$_3$ 区：菲涅耳衍射，即光斑边缘模糊，光斑内有明暗相间的条纹，观察屏沿轴向后移动，光斑不断扩大，光斑内条纹数减少，中心有亮暗交替的变化；

P$_4$ 区：夫琅禾费衍射，观察屏沿轴前后移动，光斑只有大小的变化，其形式不变。

3.4.2.2　衍射的近似计算公式

当光线垂直入射到平面开孔板时，如图 3-23 所示，图中 $x_1 C y_1$ 坐标系为衍射小孔平面坐标系，$x P_0 y$ 为光屏坐标系，光屏与小孔之间距离为 z_1。菲涅耳-基尔霍夫衍射公式如式（3-51）所示。

$$E(P) = \frac{A}{i\lambda} \iint\limits_{\Sigma} \frac{\exp(ikl)}{l} \cdot \frac{\exp(ikr)}{r} \left[\frac{1 + \cos\theta}{2} \right] \mathrm{d}S \qquad (3-51)$$

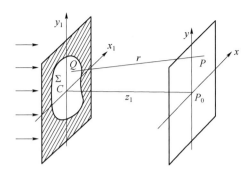

图 3-23　光线垂直入射到平面开孔板时的衍射

取：
$$\cos\theta_0 \approx \cos\theta \approx 1 \tag{3-52}$$
$$K(\theta) \approx 1$$

分母中近似取：
$$r \approx z_1 \tag{3-53}$$

指数中 $r = \sqrt{z_1^2+(x-x_1)^2+(y-y_1)^2}$

则式（3-51）转化为：
$$E(P) = \frac{1}{i\lambda z_1}\iint_\Sigma E(Q)\exp(ikr)\,\mathrm{d}S \tag{3-54}$$

其中：
$$E(Q) = E(x_1,y_1) \tag{3-55}$$

（1）菲涅尔近似与菲涅尔衍射公式

菲涅尔近似：对复数部分做近似：
$$r = \sqrt{z_1^2+(x-x_1^2)+(y-y_1^2)}$$
$$= z_1\left[1+\left(\frac{x-x_1}{z_1}\right)^2+\left(\frac{y-y_1}{z_1}\right)^2\right]^{\frac{1}{2}} \tag{3-56}$$

由泰勒展开公式：
$$f(x) = (1+x)^{\frac{1}{2}} = f(0)+\frac{f(0)'}{1!}x+\frac{f(0)''}{2!}x^2+\frac{f(0)'''}{3!}x^3+\cdots$$
$$f(x)' = \frac{1}{2}(1+x)^{-\frac{1}{2}} \qquad f(x)'' = -\frac{1}{4}(1+x)^{-\frac{3}{2}} \tag{3-57}$$
$$f(0)' = \frac{1}{2} \qquad f(0)'' = -\frac{1}{4}$$

$$r = z_1\left\{1+\frac{1}{2}\left[\frac{(x-x_1)^2+(y-y_1)^2}{z_1^2}\right]-\frac{1}{8}\left[\frac{(x-x_1)^2+(y-y_1)^2}{z_1^2}\right]^2\right\}$$

略去高阶小量，得 r 的菲涅耳近似公式：
$$r = z_1\left\{1+\frac{1}{2}\left[\frac{(x-x_1)^2+(y-y_1)^2}{z_1^2}\right]\right\} \tag{3-58}$$

将式（3-58）代入（3-54），可得菲涅尔衍射近似计算公式为：
$$E(x,y) = \frac{\exp(ikz_1)}{i\lambda z_1}\iint_\Sigma E(x_1,y_1)\exp\left\{\frac{ik}{2z_1}\left[(x-x_1)^2+(y-y_1)^2\right]\right\}\mathrm{d}x_1\mathrm{d}y_1 \tag{3-59}$$

（2）夫琅禾费近似与夫琅禾费衍射公式

将菲涅耳近似公式展开得：

$$r = z_1 \left\{ 1 + \frac{1}{2} \left[\frac{(x-x_1)^2 + (y-y_1)^2}{z_1^2} \right] \right\} \tag{3-60}$$

$$= z_1 + \frac{x^2+y^2}{2z_1} - \frac{xx_1+yy_1}{z_1} + \frac{x_1^2+y_1^2}{2z_1}$$

由于小孔很小，x_1，y_1 为小量，略去高阶小量，得 r 的夫琅禾费近似公式：

$$r = z_1 + \frac{x^2+y^2}{2z_1} - \frac{xx_1+yy_1}{z_1} \tag{3-61}$$

将式（3-61）代入式（3-54），并注意到：

$$k = \frac{\omega}{c} = \frac{2\pi}{\lambda} \tag{3-62}$$

可得夫琅禾费衍射计算公式：

$$E(x,y) = \frac{\exp(ikz_1)}{i\lambda z_1} \exp\left(\frac{ik}{2z_1}(x^2+y^2) \right) \iint_{\Sigma} E(x_1,y_1) \exp\left\{ -i2\pi\left(\frac{x}{\lambda z_1}x_1 + \frac{y}{\lambda z_1}y_1 \right) \right\} \mathrm{d}x_1 \mathrm{d}y_1 \tag{3-63}$$

3.4.2.3　夫琅禾费衍射与傅里叶变换

夫琅禾费衍射计算积分公式可扩展到整个平面：

$$E(x,y) = \frac{\exp(ikz_1)}{i\lambda z_1} \exp\left(\frac{ik}{2z_1}(x^2+y^2) \right) \iint_{-\infty}^{+\infty} E(x_1,y_1) \exp\left[-i2\pi\left(\frac{x}{\lambda z_1}x_1 + \frac{y}{\lambda z_1}y_1 \right) \right] \mathrm{d}x_1 \mathrm{d}y_1 \tag{3-64}$$

令 $u = \frac{x}{\lambda z_1}$，$v = \frac{y}{\lambda z_1}$ 表示 x，y 方向的空间频率，式（3-64）可表示为：

$$E(x,y) = \frac{\exp(ikz_1)}{i\lambda z_1} \exp\left(\frac{ik}{2z_1}(x^2+y^2) \right) \iint_{-\infty}^{+\infty} E(x_1,y_1) \exp\left[-i2\pi(ux_1 + vy_1) \right] \mathrm{d}x_1 \mathrm{d}y_1 \tag{3-65}$$

上式表明，除了一个二次因子外，夫琅禾费衍射的复振幅分布是衍射平面上复振幅分布的傅里叶变换，如图 3-24 所示。

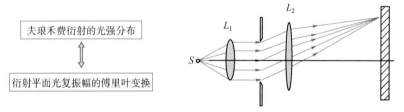

图 3-24　夫琅禾费衍射与傅里叶变换

3.4.3　矩形孔衍射

设矩形衍射孔沿 x_1 轴和 y_1 轴方向的宽度分别为 a 和 b，如图 3-25 所示，假设衍射孔内光振幅分布处处相同，可令

$$E(x_1, y_1) = A'$$

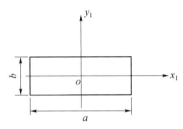

图 3-25　矩形衍射孔

由（3-34）记：

$$z_1 \sim f, \quad C = \frac{A' \exp(ikf)}{i\lambda f}, \quad k = \frac{2\pi}{\lambda} \tag{3-66}$$

则式（3-65）可转化为

$$E(x, y) = C \cdot \exp\left[\frac{ik}{2f}(x^2 + y^2)\right] \int_{-\frac{a}{2}}^{+\frac{a}{2}} \int_{-\frac{b}{2}}^{+\frac{b}{2}} \exp\left[\frac{-ik}{f}(x \cdot x_1 + y \cdot y_1)\right] \mathrm{d}x_1 \mathrm{d}y_1$$

下面讨论积分计算：

$$\int_{-\frac{a}{2}}^{+\frac{a}{2}} \int_{-\frac{b}{2}}^{+\frac{b}{2}} \exp\left[\frac{-ik}{f}(x \cdot x_1 + y \cdot y_1)\right] \mathrm{d}x_1 \mathrm{d}y_1 =$$

$$\int_{-\frac{a}{2}}^{+\frac{a}{2}} \exp\left[\frac{-ik}{f}(x \cdot x_1)\right] \mathrm{d}x_1 \int_{-\frac{b}{2}}^{+\frac{b}{2}} \exp\left[\frac{-ik}{f}(y \cdot y_1)\right] \mathrm{d}y_1 \tag{3-67}$$

旁轴近似：

令

$$\sin \theta_x = \frac{x}{f}; \quad \sin \theta_y = \frac{y}{f}$$

则

$$\int_{-\frac{a}{2}}^{+\frac{a}{2}} \exp\left[\frac{-ik}{f}(x \cdot x_1)\right] \mathrm{d}x_1 = \int_{-\frac{a}{2}}^{+\frac{a}{2}} \exp\left[-ik\sin \theta_x x_1\right] \mathrm{d}x_1$$

$$= \frac{1}{-ik\sin \theta_x}\left\{\exp\left[-ik\sin \theta_x \frac{a}{2}\right] - \exp\left[ik\sin \theta_x \frac{a}{2}\right]\right\} \tag{3-68}$$

$$= \frac{1}{-ik\sin \theta_x}\left\{-2i\sin\left[k\frac{a}{2}\sin \theta_x\right]\right\} = \frac{\sin\left[\frac{\pi a}{\lambda}\sin \theta_x\right]}{\frac{\pi}{\lambda}\sin \theta_x}$$

同理：

$$\int_{-\frac{b}{2}}^{+\frac{b}{2}} \exp\left[\frac{-ik}{f}(y \cdot y_1)\right] \mathrm{d}y_1 = \frac{\sin\left[\frac{\pi b}{\lambda}\sin\theta_y\right]}{\frac{\pi}{\lambda}\sin\theta_y} \tag{3-69}$$

式（3-67）经积分后可写为：

$$E(x,y) = E_0 \frac{\sin\left(\frac{\pi a \sin\theta_x}{\lambda}\right)}{\frac{\pi a \sin\theta_x}{\lambda}} \cdot \frac{\sin\left(\frac{\pi b \sin\theta_y}{\lambda}\right)}{\frac{\pi b \sin\theta_y}{\lambda}} \tag{3-70}$$

其中，$E_0 = Cab\exp\left[\frac{ik}{2f}(x^2+y^2)\right]$，是观察屏中心 P_0 点处的光场复振幅。$P(x,y)$ 处的光强度为：

$$I(x,y) = I_0 \left[\frac{\sin\left(\frac{\pi a \sin\theta_x}{\lambda}\right)}{\frac{\pi a \sin\theta_x}{\lambda}}\right]^2 \left[\frac{\sin\left(\frac{\pi b \sin\theta_y}{\lambda}\right)}{\frac{\pi b \sin\theta_y}{\lambda}}\right]^2 \tag{3-71}$$

令 $\alpha = \frac{\pi a \sin\theta_x}{\lambda}$；$\beta = \frac{\pi b \sin\theta_y}{\lambda}$

则：

$$I(x,y) = I_0 \left[\frac{\sin\alpha}{\alpha}\right]^2 \left[\frac{\sin\beta}{\beta}\right]^2 \tag{3-72}$$

其中，I_0 是 P_0 点的光强度，且有：

$$I_0 = |Cab|^2 \tag{3-73}$$

3.4.4 单缝衍射

由式（3-70），单缝衍射复振幅可写为：

$$E(x) = E_0 \frac{\sin\left(\frac{\pi a \sin\theta_x}{\lambda}\right)}{\frac{\pi a \sin\theta_x}{\lambda}} \tag{3-74}$$

令 $\alpha = \frac{\pi a \sin\theta_x}{\lambda}$

光强分布为：

$$I(x) = I_0 \left[\frac{\sin\alpha}{\alpha}\right]^2 \tag{3-75}$$

$y = \left[\frac{\sin\alpha}{\alpha}\right]^2$ 的曲线如图 3-26 所示。在 $\alpha=0$ 处，它有一主极大 $y=1$，而在 $\alpha=\pm\pi$，$\pm2\pi$，$\pm3\pi$ … 处各有一极小值 0。每两个极小之间有一个次极大，其位置由方程 $\tan\alpha-\alpha=0$ 的各根给出，函数的头 5 个极大值如表 3-2 所示。

表 3-2 函数 $y = \left[\dfrac{\sin \alpha}{\alpha}\right]^2$ 的头 5 个极大

α	$y = \left[\dfrac{\sin \alpha}{\alpha}\right]^2$
0	1
$1.430\pi = 4.493$	0.047 18
$2.459\pi = 7.725$	0.016 48
$3.470\pi = 10.90$	0.008 34
$4.479\pi = 14.07$	0.005 03

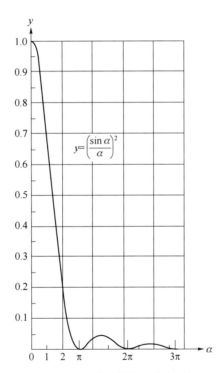

图 3-26 单缝衍射光强分布函数

对式 (3-75) 微分有：

$$\frac{\mathrm{d}I}{\mathrm{d}\alpha} = 2I_0 \frac{\sin \alpha}{\alpha} \cdot \frac{\alpha \cos \alpha - \sin \alpha}{\alpha^2} = 0 \qquad (3-76)$$

(1) 当 $\sin \alpha = 0$，即 $\alpha = m\pi (m = 0, \pm 1, \pm 2, \pm 3, \cdots)$，有：

$$I = \begin{cases} 极大值 I_0, & m = 0 \\ 极小值 0, & m = \pm 1, \ \pm 2, \ \cdots \end{cases}$$

当 $m = 0$ 时，光强取极大值，为主极大（亮线）。

位置：$\alpha = 0$；$\alpha = \dfrac{\pi a \sin \theta_x}{\lambda}$；$\sin \theta_x = \dfrac{x}{f}$，$x = 0$。

当 $m = \pm 1$，± 2，…时，光强取极小值（暗线）。

位置：$\alpha = m\pi\ (m = \pm 1, \pm 2, \pm 3, \cdots)$

$$\alpha = \frac{\pi a \sin \theta_x}{\lambda} = \frac{a\pi x}{f\lambda} = m\pi \tag{3-77}$$

$$x = \frac{mf\lambda}{a} \tag{3-78}$$

$$\sin \theta = \frac{x}{f} = m\frac{\lambda}{a} \tag{3-79}$$

条纹间隔：
$$x = m\frac{f\lambda}{a}, \Delta x = \frac{f\lambda}{a} \tag{3-80}$$

（2）当 $\alpha\cos\alpha - \sin\alpha = 0$ 时，即可确定次极大位置。

光强的 4 个次极大如表 3-2 中后四行所示。矩形孔衍射如图 3-27 所示。

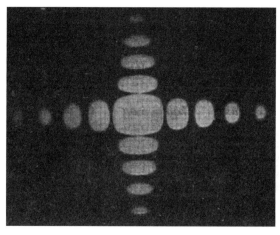

图 3-27　矩形孔衍射的图像

3.4.5　多缝衍射光强分布公式

光栅示意图如图 3-28 所示。图中单个狭宽度为 a，相邻狭缝中心间距为 d。

观察光栅的夫琅禾费衍射：若 S 为平行于缝的线光源，衍射图样是一些细而亮的条纹。

根据惠更斯-菲涅耳原理，点的振动决定于每一缝内无限多个次波源发出的次波的衍射和来自各缝的光波之间的干涉，即决定于单狭缝的衍射和多光束干涉两者共同的作用。

由单缝衍射公式（3-74），第 i 条狭缝衍射光在 $P(\theta)$ 处的贡献为：

$$E_{i\theta} = E_0 \sin \alpha / \alpha \tag{3-81}$$

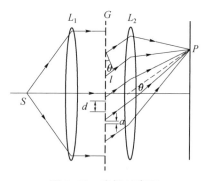

图 3-28　光栅示意图

式中：

$$\alpha = \pi a \sin \theta / \lambda \qquad (3\text{-}82)$$

由于狭缝宽度相等，可以认为每条狭缝的贡献都相等，故：

$$E_{i\theta} = E_\theta \qquad (3\text{-}83)$$

相邻单缝在 P 点产生的相位差为：

$$\delta = \frac{2\pi}{\lambda} \cdot d \sin \theta \qquad (3\text{-}84)$$

由多缝夫朗禾费衍射振幅分布和强度分布可得：

$$E(P_\theta) = E_\theta \{ 1 + \exp[i\delta] + \exp[i2\delta] + \cdots + \exp[i(N-1)\delta] \}$$

$$= E_\theta \frac{1 - \exp(i\delta N)}{1 - \exp(i\delta)}$$

$$= E_\theta \frac{1 - \exp(i\delta N)}{1 - \exp(i\delta)} \cdot \frac{\exp(i\delta/2)}{\exp(i\delta N/2)} \exp[i(N-1)\delta/2]$$

$$= E_\theta \frac{1 - \exp(i\delta N)}{\exp(i\delta N/2)} \cdot \frac{\exp(i\delta/2)}{1 - \exp(i\delta)} \exp[i(N-1)\delta/2]$$

$$= E_\theta \frac{\exp(-i\delta N/2) - \exp(i\delta N/2)}{\exp(-i\delta/2) - \exp(i\delta/2)} \exp[i(N-1)\delta/2]$$

$$= E_0 \left(\frac{\sin \alpha}{\alpha} \right) \left[\frac{\sin \dfrac{N}{2}\delta}{\sin \dfrac{\delta}{2}} \right] \exp[i(N-1)\delta/2] \qquad (3\text{-}85)$$

由于相位不影响强度分布，P 点光强为：

$$I_\theta = I_0 \left(\frac{\sin \alpha}{\alpha} \right)^2 \left\{ \frac{\sin (N\delta/2)}{\sin (\delta/2)} \right\}^2 \qquad (3\text{-}86)$$

式中：$\delta = 2\pi d \sin \theta / \lambda$，$\left(\dfrac{\sin \alpha}{\alpha} \right)^2$ 表示单狭缝所产生的衍射光强——衍射因子；$\left[\dfrac{\sin (N\delta/2)}{\sin (\delta/2)} \right]^2$ 表示间隔相等的 N 个点源所产生的多光束干涉光强——干涉因子。

式（3-86）表明：多缝衍射光强度分布是多光束干涉光强受单缝衍射光强分布调制的结果。如图 3-29~图 3-32 所示。

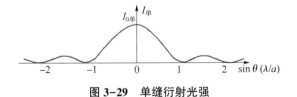

图 3-29　单缝衍射光强

单缝衍射因子函数

$I = I_0 \left(\dfrac{\sin \alpha}{\alpha} \right)^2$，$\alpha = \dfrac{\pi a \sin \theta}{\lambda}$，当 $\alpha = \pm\pi, \pm2\pi, \pm3\pi, \cdots$ 时，函数取极小值，对应：

$$\sin \theta = \pm \frac{\lambda}{a}, \pm 2 \frac{\lambda}{a}, \pm 3 \frac{\lambda}{a}, \cdots \qquad (3\text{-}87)$$

如图（3-29）所示。

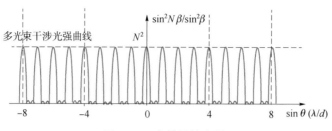

图 3-30　多缝干涉光强

多缝干涉因子函数

令 $\beta = \dfrac{\delta}{2} = \dfrac{\pi}{\lambda} d\sin\theta$，则干涉因子函数可写为 $\dfrac{\sin^2 N\beta}{\sin^2 \beta}$，当 $\beta = 0, \pm\pi, \pm 2\pi, \pm 3\pi, \cdots$ 时，函数取极大值，对应：

$$\sin\theta = 0, \pm\frac{\lambda}{d}, \pm 2\frac{\lambda}{d}, \pm 3\frac{\lambda}{d}, \cdots \qquad (3-88)$$

多缝衍射光强分布公式（3-86）图像如图 3-31 所示。

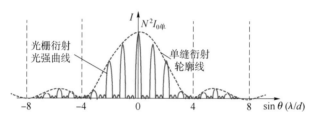

图 3-31　衍射光栅光强分布

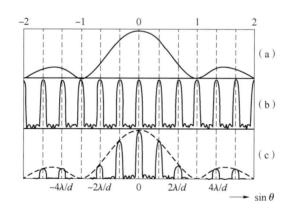

图 3-32　多缝夫琅禾费衍射光强

（a）单缝衍射；（b）多光束干涉；（c）多缝衍射

a. 主极大

当干涉因子 $\left[\dfrac{\sin(N\delta/2)}{\sin(\delta/2)}\right]^2$ 分母同时为 0 时，即 $\delta/2 = m'\pi$，$\delta = \dfrac{2\pi}{\lambda} d\sin\theta = 2m'\pi$，$m' = 0, \pm 1, \pm 2, \cdots$ 时，分子分母必然为零，产生干涉主极大。

$$d\sin\theta = m'\lambda, \quad m' = 0, \pm 1, \pm 2, \cdots \qquad (3-89)$$

式（3-89）即为光栅方程

$$\lim\left[\frac{\sin\left(N\delta/2\right)}{\sin\left(\delta/2\right)}\right]^2=N^2 \quad （小角度散射） \tag{3-90}$$

位置：

$d\sin\theta=m'\lambda$，$m'=0,\pm1,\pm2,\cdots$，即满足光栅方程。

强度：$I=N^2I_0\dfrac{\sin^2\alpha}{\alpha^2}$。

由此可见，主极大位置决定于干涉因子，强度则受限于衍射因子。

b. 极小

衍射因子为零，合强度为零，即：

$$\left(\frac{\sin\alpha}{\alpha}\right)^2=0 \quad （\alpha\neq0;\sin\alpha=0）$$

$$\alpha=\pi a\sin\theta/\lambda=\pi m \quad m=\pm1,\ \pm2,\ \cdots$$

$$a\sin\theta=m\lambda \quad m=\pm1,\ \pm2,\ \cdots$$

$$\sin\theta=m\frac{\lambda}{a} \quad m=\pm1,\pm2,\cdots \tag{3-91}$$

式（3-91）即为衍射因子极小条件。

干涉因子 $\left[\dfrac{\sin\left(N\delta/2\right)}{\sin\left(\delta/2\right)}\right]^2$ 为零，合强度为零，即：

$$\sin\left(N\delta/2\right)=0,且\sin\left(\delta/2\right)\neq0 \tag{3-92}$$

$N\delta/2=K\pi$，且 $\delta/2\neq K'\pi$，则：

$$N\frac{\delta}{2}=K\pi \qquad K=\pm1,\pm2,\cdots$$

$$\frac{\delta}{2}\neq K'\pi \qquad K'=0,\pm1,\pm2,\cdots \tag{3-93}$$

式（3-93）可合并写成写为：

$$\frac{\delta}{2}=\left(K'+\frac{K}{N}\right)\pi,K'=0,\pm1,\pm2,\cdots;K=\pm1,\pm2,\cdots,\pm N-1 \tag{3-94}$$

位于两个主极大之间，有（$N-1$）个由多光束干涉产生的极小。

$$\delta=\frac{2\pi}{\lambda}d\sin\theta$$

$$d\sin\theta=\frac{\delta}{2}\cdot\frac{\lambda}{\pi}=\left(K'+\frac{K}{N}\right)\lambda \tag{3-95}$$

$K'=0,\pm1,\pm2,\cdots;K=\pm1,\pm2,\cdots,\pm N-1$。

$$\sin\theta=\left(K'+\frac{K}{N}\right)\frac{\lambda}{d},K'=0,\pm1,\pm2,\cdots;K=\pm1,\pm2,\cdots,\pm N-1 \tag{3-96}$$

式（3-96）即为干涉因子极小条件。

c. 次极大

当 N 很大时，完全可以近似认为次极大位于 $\sin N\beta$ 取极大值的那些点，即：

$$\sin N\frac{\delta}{2}=\pm1$$

$$N\frac{\delta}{2}=k\pi+\frac{\pi}{2}$$

$$N\frac{\pi}{\lambda}d\sin\theta=k\pi+\frac{\pi}{2}$$

$$\sin\theta=\left(\frac{2k+1}{2N}\right)\frac{\lambda}{d},k=0,\pm1,\pm2,\cdots \tag{3-97}$$

该式可以写成：

$$\sin\theta\approx\left(K+\frac{2k''+1}{2N}\right)\frac{\lambda}{d},\ K=0,\pm1,\pm2,\cdots;$$

$$k''=0,\pm1,\pm2,\cdots,\pm N-1 \tag{3-98}$$

即相邻主极大之间有 N 个次极大。

d. 缺级

干涉主极大恰为衍射极小时，合成光强为零，这个主极大就会消失——缺级。

干涉主极大条件：

$$\sin\theta=\frac{m'\lambda}{d}\qquad m'=0,\pm1,\pm2,\cdots \tag{3-99}$$

衍射极小条件：

$$\sin\theta=\frac{m\lambda}{a}\qquad m=\pm1,\pm2,\cdots \tag{3-100}$$

缺级所满足的条件为：

$$m'=m\frac{d}{a} \tag{3-101}$$

当 $d/a=3$ 时，$m'=\pm3$，±6，$\cdots$为缺级。

e. 谱线的半角宽度

干涉极小条件：

$$\sin\theta=\left(K'+\frac{K}{N}\right)\frac{\lambda}{d}$$

$$\Delta\sin\theta=\Delta\left(K'+\frac{K}{N}\right)\frac{\lambda}{d}$$

$$\Delta\theta=\frac{\lambda}{Nd\cos\theta} \tag{3-102}$$

谱线半角宽度与光栅宽度（Nd）成反比，即 d 一定时，增加缝数 N，$\Delta\theta$ 将减小，亮纹变细。

当狭缝数目增加时，衍射图样最显著的变化是：衍射光能向主极大集中，亮条纹变细，主极大之间的次极大增多。当 N 很大时，实际上观察到的是一片暗背景上出现的一些细而亮的条纹。

f. 光栅的角色散

光栅干涉条件：

$$d\sin\theta=m'\lambda \tag{3-103}$$

微分可得光栅角色散为：

$$\frac{\mathrm{d}\theta}{\mathrm{d}\lambda}=\frac{1}{\cos\theta}\cdot\frac{m'}{d} \tag{3-104}$$

所以，要获得高的角色散，间距 d 应很小，或者在高序（m' 很大）进行观测。

3.5　采用格栅光阑切割的定量纹影光学系统

衍射光栅：任何一种衍射单元周期性地重复排列所形成的阵列，能对入射光的振幅和相位或二者之一产生空间调制。

1. 分类

振幅型和相位型；透射式和反射式；平面的和凹面的。

本节讨论振幅型平面透射光栅。

2. 振幅型平面透射光栅

振幅型平面透射光栅又称为朗奇（Ronchi）光栅，其振幅透射率是一矩形函数，如图 3-33 所示。

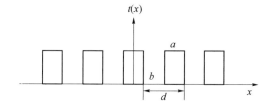

图 3-33　朗奇光栅透射率函数

在标准刀口光阑的纹影系统中，纹影像的照度变化是由光源像相对于刀口刃边的相对位移决定的。在正偏角（增加光束透过量）时，视场变亮，在负偏角时，视场变暗。在超过某一极限时，纹影视场变成全亮或全暗视场。而用照相记录分辨反差（或照度）变化时，亮视场比暗视场更灵敏，因此，为了增加照度，纹影光学系统采用双刀刃，即光线双向偏折都能使视场变亮（正负偏角都产生亮的纹影像）。由于光源狭缝本身很窄，因此，双刀刃的尺寸必须很小。当缩小成为一条线时，双刀刃光阑就成为隔线光阑（在玻璃板上刻线或用金属丝）。当光源像的宽度大于隔线的宽度时，则初始纹影视场是亮视场，当光源像的宽度小于或等于隔线的宽度时，则初始纹影视场是暗视场。调整光源像及隔线的尺寸和它们的相对位置，可以获得不同的照度。

如果隔线的位置偏离纹影镜的焦平面（在焦平面之前或之后），那么，在纹影视场中就会出现一条暗带，带的宽度取决于隔线的宽度和偏离焦面的距离，光线的偏折会使暗带弯曲。

利用一条隔线作为切割光阑，能显示正负两个方向的光束偏折，但是对于偏折的范围不能体现。利用多条隔线组成的格栅光阑，可以将光源像的最大位移分成几段，用计算位移的办法确定流场的密度梯度并得到定量的分析。格栅是由等宽度、等间隔的明暗交替的栅条组成的，将光源像的宽度调整到小于格栅的间隔宽度时，如同刀口光阑原理一样，光线偏折形成小于这个间隔的光源像位移。

3.5.1　格栅方法（朗奇方法）

格栅方法是在普通的纹影光学系统的第二纹影镜的焦平面（刀口平面）上，设置格栅切割光阑，如图 3-34 所示。在第一纹影镜 L_1 的焦面上，设置 0.2 mm 左右的小孔或狭缝光源 S，狭缝光源像的方向与格栅光阑的栅条的方向一致。常用的格栅是（2~8）对线/mm。一组透光与不透光相间的栅带称为一对线。

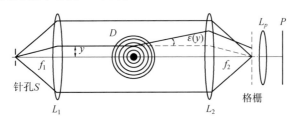

图 3-34　格栅纹影光学系统

在试验区 D 无折射率变化时，光源发出的光束经过第一纹影镜 L_1，准直成平行光，通过试验区后由第二纹影镜 L_2 聚焦，使光源像从格栅的中心透光带通过，由照相物镜 L_P 将试验段成像在底片平面 P 上。

当试验区 D 存在密度梯度时，使光束产生一个偏折角 ε，由纹影镜 L_2 折射，使光源像偏离格栅的中心透光带，在离中心光轴距离为（$f_2 \cdot \varepsilon$）的栅带上，随着偏折大小变化，有的光束通过透光栅带，有的被不透光的栅带阻挡切割。假定位移是在使视场最初变暗的方向上，那么，对于一个较大的位移（即同方向的强密度梯度），光源像从格栅的不透光栅带之外通过，视场又变亮了。对于试验区流场逐渐增加的密度梯度（减弱时也同样变化），使视场的照度呈现明暗交替的变化，于是在成像面 P 上形成明暗变化的条纹（条带），每个条纹都是等照度区，称为等幅透区，对应于光源像和格栅之间的某一位移量。这种格栅方法最早由朗奇（Ronchi）提出，所以也称为朗奇格栅方法。

这种方法特别适合于探测相当大的偏折，因为测量范围大，有时可以采用毫米间隔，格栅太细会由于衍射干扰而使图像模糊，根据测量范围、灵敏度以及衍射影响等方面综合考虑，合理选择格栅的结构尺寸。

当然，平行格栅只是反映垂直偏折，将格栅转动 90°，则使系统对水平方向偏折灵敏。也可用小孔光源光阑配合圆环形切割光阑记录无相关方向的偏折大小，或者用一行（或一列）小孔切割光阑，挡住垂直（或水平）方向的偏折光束，如图 3-35 所示，图中为采用四种不同形式的格栅切割光阑，对同样的轴对称电弧流场得到的纹影照片。每一幅图中，左边是喷管，右边是阴极（直径 10 mm），2kA 电流形成的电弧直径 3.5 mm。用干涉滤光片（带宽 1 nm）附加格栅光阑以及脉冲氩离子激光光源，将电弧发光完全被排除，使流场分布清晰可见，甚至在电弧的发光特别强的核心区都是如此。这些照片说明等辐透图形具有相当好的对称性以及电弧的稳定性，从中可以看到电弧区是圆柱形的、旋转对称分布的。可用微秒曝光时间记录，也可用鼓轮相机狭缝扫描方法记录等辐透图形的条纹照片。

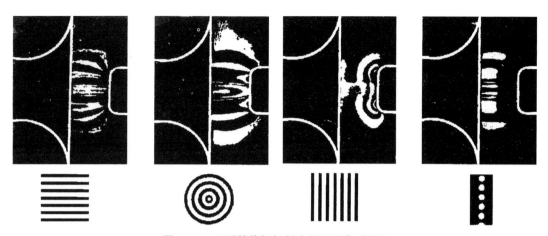

图 3-35　不同的格栅切割光阑记录电弧流场

3.5.2　偏离纹影镜焦面安置格栅的方法

前述的格栅纹影系统中，格栅被放置在第二纹影镜的焦面上，作为多刀口切割光阑。在这种调整状态下，观察区无密度扰动时，视场有均匀照度。如果将格栅沿着光轴向前或向后离开焦平面移动，那么，视场中就形成一组平行于格栅的条纹，其数量随着偏离焦平面的距离增大而增加。

假如试验观察区存在密度扰动，视场中的条纹不再是平直的线条了，而是有不同程度的位移，位移大小与密度扰动产生光线偏折的大小成正比，如图 3-36 所示，其中图 3-36（a）是基本系统的立体示意图，图 3-36（b）是基本光学系统图。

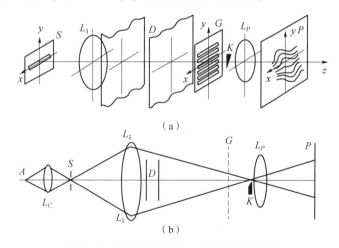

（a）

（b）

图 3-36　偏置格栅的基本光学系统示意图

（a）系统立体示意图；（b）基本光学系统图

用偏置格栅的方法测量条纹位移，计算偏折角的原理如图 3-37 所示，试验段中 Q 点被纹影系统（L_2，L_p）成像在屏 P 的 Q' 点，为简化方便，假设照相透镜 L_p 位于纹影镜 L_2 的焦平面上，而格栅放置在离焦平面距离为 g 的位置。在格栅平面上光束直径为（$g \cdot D_2/f_2$），

在像面 P 上的光束直径近似为 $(f_p \cdot D_2/f_2)$。

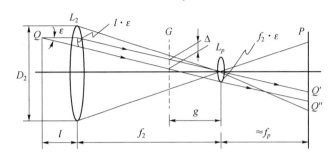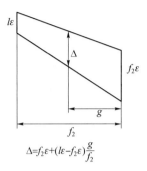

$$\Delta = f_2\varepsilon + (l\varepsilon - f_2\varepsilon)\frac{g}{f_2}$$

图 3-37　偏置格栅条纹位移计算原理

如果通过 Q 点的光线平行于光轴，则将通过 L_p 的中心到达 Q' 点，由于存在密度扰动，通过 Q 点的光线产生一个偏角 ε，则以不同路径到达 Q'' 点，于是偏折点光线在 L_2 平面上有一个位移 $(l \cdot \varepsilon)$，在 L_p 平面上，光线在光轴以下距离为 $(f_2 \cdot \varepsilon)$ 的位置上通过，在格栅平面上，光线相应的位移量 Δ 为：

$$\Delta = \varepsilon \cdot [f_2 + (l-f_2) \cdot g/f_2] \tag{3-105}$$

如果未受扰动时光线沿格栅的不透光栅带边缘通过，那么，扰动以后的光线就被不透光栅带阻挡，在像平面上由栅带的阴影形成条纹，这个条纹对应于 Q' 点移动栅带的半个宽度 $(d/2)$。像平面上条纹的数目取决于格栅被照明的数目，条纹的间隔取决于栅带间隔以及投影放大率 $(m=f_p/g)$，纹影像面上出现的条纹位移等于格栅上位移量乘投影放大率，有：

$$S = \Delta \cdot m = \varepsilon \cdot [f_2 \cdot f_p/g + f_p(l-f_2)/f_2] \tag{3-106}$$

因此，从纹影图上进行条纹位移的测量，可由式 (3-106) 计算出偏折角，再由偏折角推算出密度梯度，从而实现密度场定量分析。

3.6　色散光谱与狭缝组合调制的彩色纹影光学系统

3.6.1　彩色纹影的基本方法

普通纹影光学系统是在像平面上形成从最亮到完全暗的灰度变化区域分布，以反映光束通过密度扰动区发生偏折的变化。

在理论上，视场中每一点的亮度与通过密度梯度区域的光线有一一对应关系，而实际上由于灰度分级的数目较少，限制了这种偏折与灰度对应关系的定量分析，而用彩色分布变化反映光束偏折，不仅彩色变化分级数目多，对比度显著提高，而且方便利用计算机编码分级进行定量分析，既有高的测量灵敏度，又有大的测量范围。彩色像的亮度比黑白灰度亮度有更好的均匀度，眼睛对彩色变化的灵敏性远大于对灰度变化的敏感性。

由前面 3.4.2 节式 (3-65) 可知，光屏上夫琅禾费衍射的复振幅分布是衍射光源平面上复振幅的傅里叶变换。从光学数据处理的观点看，在刀口切割平面上，包含着偏折光线和未偏折光线的傅里叶空间频谱。为了显示纹影像中的某些信息，在普通纹影系统中，在光源平面和光源像的切割平面设置一对光阑，也称为傅里叶谱的带通滤波器。而在彩色纹影技术中采用各种形式的光阑，可以达到满意的彩色反差、彩色分级编码、分辨率、灵敏度以及测量范围。

在纹影光学系统中，采用彩色光阑实现图像自动采集和计算机彩色编码，有利于流场密度梯度的测量显示，对于用黑白图像显示会混淆的复杂流场测量有特别意义，有助于分辨特殊的流动现象、强折射率梯度场和自发光现象或半透射现象。比如分离流场、热交换及流体混合流场等，在超燃及气动光学研究试验中都十分有用。

在彩色纹影系统中，利用光波波长变化调制纹影视场，反映折射率梯度变化，而不是白光的照度变化，所采用的波长调制滤波器可以设置在光源狭缝平面，也可设置在刀口切割平面。在漫长的发展过程中，出现了各种调制方法，从最早的小孔光源和双色带刀口组合，到后来狭缝光源和三色带刀口组合以及棱镜色散光谱光源和狭缝刀口组合等，都是根据不同的要求，不断改进而产生的，且都具有不同的特点。

根据彩色光阑在纹影光学系统中的位置，彩色纹影系统可粗略地分为两类。第一类是在光源狭缝平面上提供多彩色组成的光源，分色照明纹影场；而在刀口切割平面用狭缝分解光束的偏移，从而改变视场中彩色分布状态，显示纹影场。第二类是光源狭缝平面保留白光光源，而在刀口切割平面上用彩色条带作为切割刀口，白光光束经过纹影场的偏折，白光光源像在彩色条带切割平面上移动，从而在视场中得到透射彩色光的强度变化和分布状态，如图 3-38 所示。

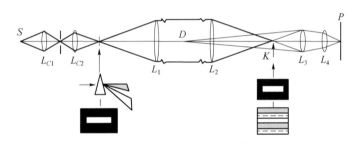

图 3-38　彩色纹影系统的两种基本类型

第一类中，用棱镜的色散光谱形成一个狭缝光源谱，初始调整状态时，使色散光谱的像在切割平面上只有一种彩色光通过刀口狭缝；而试验区有扰动时，光谱像产生位移，有不同的彩色光通过刀口狭缝，视场中形成彩色变化。但是刀口狭缝的宽度受衍射影响所限制，不能太小，从而也限制了这种方法的灵敏度。

第二类中，用多色带组成的彩色滤光片（如红、黄、蓝三色），设置在切割平面，初始状态将光源狭缝像正好通过滤光片的中心色带，纹影视场呈现中心色带的颜色。当光线偏折使狭缝光源像位移时，由透过基本色带的互相叠加形成彩色分布的视场。当然，光谱的质量比光源光谱差一些，而且也取决于多色带的相对透光性。

为提高灵敏度，将中心色带的宽度压缩到非常小，但是离开中心色带的小偏折，不能与从距中心色带较远外侧偏向中心色带方向的大偏折中分辨出来，同时由于中心色带的宽度极小，也会来衍射影响。

这两种类型的彩色光阑，主要的缺点是衍射效应限制以及彩色过渡是梯度陡变。只有减少不同彩色的饱和度，才能使不同彩色带之间过渡的梯度不再陡变，我们可采用中心针孔透光而外围为同心圆环彩色滤光片，代替多色带滤光光阑。由于彩色是沿圆环径向连续变化的，如天空彩虹，又称为彩虹彩色纹影光阑。这样布置的彩色片，色彩层次多，增加了光源像的位移分辨率。彩色的渐变大大减弱了衍射影响，用 Φ0.037 mm 的针孔光源可以得到较好的结果。

3.6.2　特殊的彩色纹影系统

围绕减少衍射效应以及同时具有高灵敏度和大测量范围这两个突出的问题，发展了由衍射光栅产生的色散光谱与狭缝组合的彩色纹影系统，如图 3-39 所示。这个系统的有效光源是由衍射光栅的色散光谱和一个狭缝组成的，而刀口切割平面上是由色散光谱的像和一个多狭缝光阑组成的。

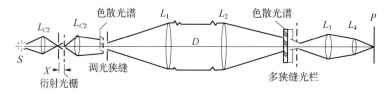

图 3-39　衍射光栅彩色纹影系统

不同于棱镜色散光谱以及刀口切割平面上多狭缝或格栅光阑，衍射光栅的作用是像单缝衍射那样形成间隔为 d 的许多等间隔的平行狭缝，而这些平行狭缝之间有相互作用，这种增强作用使狭缝下游一侧的光束成为有许多发散角（衍射角 θ_m）的轴对称光束（衍射光束）。衍射光栅的基本方程如下：

$$d(\sin\alpha-\sin\theta)=\pm m\lambda \tag{3-107}$$

式中，d 是相邻两缝间隔，称为光栅常数，α 是入射光线相对于光栅法线的入射角，θ 是衍射角。若入射光线与光栅法线平行，$\alpha=0$，并将光栅常数 d 看成常数，则衍射角取决于乘积 $m\lambda$，有：

$$\theta_m=\arcsin(m\lambda/d) \tag{3-108}$$

式中，m 是光束的序级，$m=0,\pm1,\pm2,\pm3,\cdots$。实际上光栅不是狭缝，而是在玻璃板上刻划的细线。这种光栅有一个特点，即不同波长和不同序级的光线也会按同一方向衍射，使某一级的光强度特别大（公式中不同的 m 和 λ，可以组合形成相同的 θ_m 角），可以用光轴与衍射光束中心线之间的衍射角 θ_m 表示，如图 3-40 所示。分析其物理特点时，θ_m 的位置方向是随机的，可以选择最强的光束方向。衍射光栅使初始光束分成很多有角度差的光束，而不同方向的每条光束都被色散成照明光束所包含的光谱（如同棱镜色散一样），但是光栅色散有很多序级，在较低序级的光束中，色散基本上是线性的。用光栅衍射角公式对波长 λ 微分（$\delta\lambda=10^{-4}\mu m$），第 m 级光束的色散表达式，有角色散的公式为：

$$\delta\theta=m\cdot\delta\lambda/(d\cdot\cos\theta_m) \tag{3-109}$$

或

$$\frac{\delta\theta}{\delta\lambda}=m/(d\cdot\cos\theta_m) \tag{3-110}$$

因此，在小分离角情况下（$\cos\theta_m=1$），在不同的序级光谱中，光栅将产生不同的角色散，序级 m 愈高，色散越大，且与光栅刻线的疏密（$1/d$）有关，光栅越密，色散越大。不同序级的色散会在 L_2 的焦面上重叠，除非光栅离光源狭缝有一个小的位移 z，小的位移会增加有效偏折角，相当于光源侧向移动，如图 3-41 所示。由第二纹影镜 L_2 成像的色散光谱产

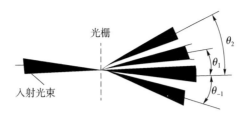

图 3-40　衍射光栅色散示意图

生侧向移动，则光源像高为：

$$\Delta y = 2z \cdot \tan \theta_m f_2/f_1 \tag{3-111}$$

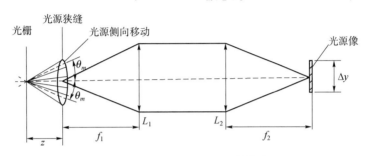

图 3-41　衍射光栅光源及其像高

给定序级的光谱，当增加分离角时，位移量也随之增加。设置在第一纹影镜焦平面的宽狭缝挡住所有序级，只让需要的序级光束通过，因为光栅可将大部分光强集中在某一个序级上，用于彩色纹影的理想光谱是集中在较低的序级上。

在 L_2 的焦面上用单狭缝光阑切割光源光谱像，使一个周期的光谱通过（如棱镜色散光谱）。为了在同一纹影光学系统中达到高灵敏度和大测量范围，不仅在光轴上有一个狭缝，而且可在光轴上下各增加一个附加狭缝，如图 3-42 所示，这两个附加狭缝的布置，使色散光谱的一端偏移到中心狭缝的外边时，色散光谱的另一端正好移到两侧附加狭缝的上面，这样光屏上光谱是重复连续的。附加狭缝的数目可根据光束偏折增大的程度需要而增加。

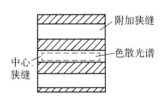

图 3-42　多狭缝布置

这里所用的狭缝宽度是多色带滤光片最小色带宽度的 1/3~1/2，这也意味着其比多色带光栅方法在灵敏度上提高 2~3 倍，同时，衍射光栅方法对衍射影响有了很大改善。

通常，系统中使用的白光光源要有很好的连续光谱，而光栅可采用 100 对线/mm 的透射光栅，可以得到有 3° 衍射角分离的第一级光束，用角色散公式计算得到有 2° 的可见光谱色散，这个色散角是指光栅与光源狭缝有一个位移，但是序级之间还稍有叠加。而多狭缝的每个缝宽约为 0.5 mm，间隔在 0.7 mm 左右，目的在于调制光谱的透过量。

3.7　纹影光阑和观察窗

纹影光阑是纹影光学系统中的关键部件。从几何光学观点看，纹影光阑是一个特殊的孔径光阑，用来改变传输光束的状态，在成像平面上显示偏折光束的分布。从频谱观点分析，纹影光阑就是空间滤波器，在刀口切割平面上包含着偏折光线以及未偏折光线的傅里叶空间频率谱。我们可将纹影光阑（狭缝光源和刀口的组合）看成一对频率滤波器，光束经过空间滤波器，可显示出图像中的光学信息，如光强度、相位、波长、偏振方向等的变化。

纹影光阑有许多形式，大体上可以分为两类。一类是产生明暗灰度视场的黑白纹影光阑组合，另一类是产生彩色视场的彩色纹影光阑组合，如表 3-3 和表 3-4 所示。

表 3-3　产生明暗灰度视场的黑白纹影光阑组合一览图

序号	光源光阑	切割光阑		特性
1			刀口	基本形式
2			条带	双刀口，暗视场
3			多条带	双刀口，偏折范围大
4	狭缝		双视场	大顶角棱镜
5			倾斜狭缝	高灵敏度，柱面成像
6	多狭缝		多刀口	清晰对焦
7			双折射棱镜	偏光干涉
8			旋光棱镜	防自发光
9			移动狭缝	定量
10	小孔		格栅	定量
11			圆盘	不定向圆孔或暗视场
12			径向梯度	限制衍射
13			2π相衬板	暗视场

光源光阑主要有小孔和狭缝两种，此外，还有多狭缝、色散光谱等一些特殊有效光源。而在切割光阑方面，根据测量偏折方向、灵敏度以及测量范围的不同、克服衍射影响等要求，形成了五花八门的特殊的切割光阑，各有各的特点和应用场合。利用渥拉斯顿棱镜作为"光阑"的偏光干涉以及用衍射光栅作为"光阑"的剪切干涉都在干涉方法中详细叙述。各种彩色纹影方法已在前面进行了分析。根据不同应用场合的特点，可选择各种特殊的彩色切

割光阑，如表 3-4 所示。

表 3-4　产生彩色视场的彩色纹影光阑组合一览图

序号	光源光阑	切割光阑	特性
1		双色刀口	单向灵敏
2		五色扇形	四向灵敏
3		多色梯形刀口	双向灵敏
4	小孔	多色环	多级不定向
5		彩虹谱	连续光谱
6		三段色环	单视场可以互换
7	狭缝	三色或多色带	单向多级
8	棱镜色谱	狭缝	单级光谱
9	光栅色谱	狭缝	多级光谱
10	方孔	二元色块	二元定向

通过各种类型的纹影光阑的设计，可以满足测量偏折方向、黑白反差或彩色反差、彩色编码、分辨率、灵敏度及测量范围等方面的要求，用于风洞试验流场、燃烧爆炸与冲击波流场等的定性和定量分析。下面我们只对某些纹影光阑做简要分析。

3.7.1　刀口光阑

刀口光阑是最基本的纹影光阑，刀口切割光源狭缝像的基本原理已在前面分析，纹影像面的照度变化，反映光束偏折角变化，有：

$$\frac{\Delta I}{I} = \frac{\Delta a}{a} = \varepsilon_y \cdot \frac{f_2}{a} \qquad (3\text{-}112)$$

ε_y 代表偏折角在刀口刃边的垂直方向上的分量。(a/f_2) 越小，则反差越大。按照传统照相方法，如果有 10% 的照度变化就可以分辨测量，则分辨最小偏折角 $\varepsilon_{\min} = 0.1 a/f_2$。对于给定的纹影光学系统 f_2 已确定，当光源狭缝宽度 a 减小时，最小偏折角的分辨灵敏度提高。但是 a 的尺寸由于受照相底片感光度以及衍射效应的限制，不能随意变得太小，同时要求能在两个方向上（$\pm\varepsilon$）测量光的偏折，a 值也不能太小，"+"，使光照度增加，而"−"，使光照度减小。对于"−"ε 来说，最大的照度变化可能是完全变暗。当然，对于用 CCD 图像自动采集和计算机灰度分级处理，则 $\varepsilon_{\min}$ 可以更小。

为了进一步提高灵敏度（$\varepsilon_{\min}$ 变得更小），可用双刃刀口和圆形刀口代替普通刀口。双刃刀口的宽度足以对称地切割未扰动的矩形光源像，即双刃刀口的宽度略比光源像宽度小一些，使得在光源像的上下两边仍然有很小一部分光线通过刀口，而不被阻挡。这样 ε_y 值的正负值均可形成一个明亮的纹影像。

而圆形刀口是采用圆孔光源光阑，刀口是直径稍小于光源像的不透明的圆盘，留出一个光环，以便反映径向的偏折，与 $x-y$ 坐标系中的方位无关，对各个方向的偏折都有同样的灵敏度，这种方法做彩色化改进，如表 3-4 的 2 和 6 彩色光阑。2 为四个扇形的五色光阑，6 为三段环形的四色光阑，当无扰动时，视场呈现中间彩色圆斑一种彩色光；当光束由于扰动而偏折时，视场中就有其他的彩色出现（同样，如同前述相似，中间圆斑也可用不透明的）。

随着灵敏度要求提高，当双刃刀口的宽度逐渐变窄，缩小到一条线时，就成为隔线光阑，即用一条不透光的线去代替双刃刀口，可以是金属丝，或是玻璃板上的刻线。未被扰动光源像与隔线宽度相同并重合时，纹影视场是暗的，即称暗视场纹影方法。这种方法灵敏度很高，但光的衍射影响使灵敏度降低一些。

为了减少衍射影响，保持隔线方法的高灵敏度特点，可以用一个大顶角等腰棱镜的棱线作为"隔线"。用棱镜隔线方法，不仅可以得到高的灵敏度，同时克服了不同观察者对刀口切割一半光源像的判断差异。因为在调试纹影视场时，多数人都是以最大的明暗反差，取其一半，其结果很难说是准确的一半，而利用棱镜隔线法，同时得到正负偏折角（$\pm\varepsilon$）产生的正负阴影图，而且由于棱镜的折射，使两个阴影图折向上下（或左右）两边，在一幅底片上得到正负两个分开的阴影图。当然控制棱镜顶角大小，可减少由于入射角变化带来入瞳形状变形和白光色散。顶角的大小由第二纹影镜孔径决定，使两个阴影图分开为限。切割是否正确，以两个阴影图亮度基本相同为准，这种刀口的优点是：

（1）单阴影图与一个理想无扰动图像比较，相当于一个被测量值和零值做比较。而双阴影图是两个明暗相反的阴影做比较，相当于被测量值与其负值相比较，有利于提高灵敏度。

（2）观察正负阴影，可以较精确地控制切割一半的位置，减少人为误差影响，增加客观性和提高可靠性。

（3）双阴影使棱镜的棱线处于光源像的一半位置，若两个阴影图不是对称的镜像关系，可以发现切割的不对称性或记录过程中振动的影响。

（4）双阴影观察时，光源狭缝可以很小，但光能量损失少，图像反差还是好的。

（5）定量测量时，在均匀照明下，两个阴影图中相应区域灰度相加是一个定值，可以验证测量可靠性。

3.7.2　圆形光阑

刀口光阑对垂直于刀刃边方向上的光线偏折灵敏，而平行于刀刃边方向的光线偏折是不灵敏的。要估算出最大折射率梯度方向，必须要旋转刀口，多次观察。为了从一次观察记录中看到各个方向折射率梯度，可采用圆形光阑，即小孔光源光阑配合各种径向灵敏的圆形切割光阑，如表 3-3 中的 11、12 和 13 光阑，以及表 3-4 中的 2、4 和 6 光阑。

当在纹影切割平面上设置圆孔切割光阑时，光源像的任何方向偏移，都可引起纹影视场的照度变化，所有高密度梯度区域的像都比背景更暗。尤其是对亮度有限的情况更为有利，因为在无扰动时，光源像能全部通过圆孔切割光阑。对于显示一些高密度梯度的流动分离区（如旋涡）的位置和形状更方便，这些区域在纹影像面上呈现为黑点或黑斑。当通光的圆孔更换成圆盘（圆盘直径稍小于光源像的直径便于调整），无扰动时，视场是暗的，当光路中产生扰动时，光源像相对于圆盘切割光阑移动，视场中局部区域照度增加，出现亮区。

为了满足较大偏折的测量范围，同时有好的灵敏度，将整个圆形切割光阑改成径向梯度滤光片，这样偏折测量范围不受限制，而灵敏度取决于光透过率的径向变化梯度。设 τ_r 是离中心距离为 r 的透光系数，则 $\tau_r = f(r)$，通常 $r=0$ 时，$\tau_0 = 1$。实际上 r 的变化是由偏折角 ε 及纹影镜焦距 f_2 决定的，即 $r = f_2 \cdot \varepsilon$，因此，像面的照度变化为：

$$\frac{\Delta I}{I} = \frac{\tau_r}{\tau_0} = F(\varepsilon \cdot f_2) \tag{3-113}$$

可采用中心完全透过，$r = r_e$（外缘）时完全消光（不透射）的线性变化。根据实验测量要求，选用不同密度梯度滤光片，满足不同灵敏度和不同测量偏折角范围的要求。光源像的各部分落在滤光片的不同位置，被吸收的光通量不一样，从而视场中的明暗反差就不同，图像层次分明，清晰度提高，而且衍射影响也不大。同样，单方向密度变化的梯度滤光片也可代替单刀口和双刀口切割光阑。

3.7.3　色散棱镜

前面讲到的彩色刀口是设置在刀口切割平面，利用白光光源的狭缝像在切割平面上偏移，用不同的彩色变化表示偏折的大小。而色散棱镜是设置在狭缝光源下游，由色散形成一个光谱带，作为纹影系统的有效光源，而切割平面上用狭缝代替刀口。初始位置用狭缝对准光谱带中某种色带（狭缝平行于谱带）。当光路中有扰动时，部分光谱带相对于切割平面的狭缝产生偏移，使不同色带的光通过狭缝，纹影像中不同密度梯度区域就呈现不同的色彩。

棱镜色散原理可用光学玻璃等腰棱镜分析，白光束通过棱镜的一个面，向其底边偏折色散成光谱带，偏向角的大小与棱镜玻璃的折射率 n 以及光谱中的各种波长 λ 有关，波长短的光波偏折大，如图 3-43 所示。

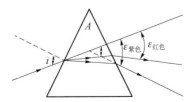

图 3-43　白光的棱镜色散示意图

对于某一折射率的棱镜，角色散是偏向角 ε 对波长 λ 的导数，而偏向角又与棱镜材料的折射率 n 相关，折射率又是波长的函数，因此，角色散 D 可表示为：

$$D = \frac{\mathrm{d}\varepsilon}{\mathrm{d}\lambda} = \frac{\mathrm{d}\varepsilon}{\mathrm{d}n}\frac{\mathrm{d}n}{\mathrm{d}\lambda} \qquad (3\text{-}114)$$

式中，$\mathrm{d}n/\mathrm{d}\lambda$ 称为物质的色散，是光学玻璃材料的光学特性；而 $\mathrm{d}\varepsilon/\mathrm{d}n$ 是无量纲的，取决于棱镜中的光程，即取决于折射率 n 和棱镜顶角 A 以及光束入射到棱镜第一表面时的入射角 i，通常取 $i = A/2$，因此，棱镜的最小角色散为：

$$\left(\frac{\mathrm{d}\varepsilon}{\mathrm{d}\lambda}\right)_{\min} = \frac{2\sin(A/2)}{\left[1 - n^2\sin^2(A/2)\right]^{1/2}}\frac{\mathrm{d}n}{\mathrm{d}\lambda} \qquad (3\text{-}115)$$

从式（3-115）可知，选用色散较大的玻璃材料，制成顶角大的棱镜较为有利，但是棱镜顶角 A 的大小受到内反射光的损失限制，应满足 $\sin(A/2) < 1/n$，因此，用折射率较大的火石玻璃和重火石玻璃，会形成较大的色散。色散光谱的主要谱线如表 3-5 所示。

表 3-5　色散光谱简表

光谱范围	紫外	紫	蓝	蓝	蓝	绿	黄	黄	红	红
波长/nm	365	404.7	434.1	435.8	486.1	546.1	587.6	589.3	656.3	766.5
谱线符号	—	h	G′	g	F	e	d	D	C	A′

玻璃的折射率随入射光波的波长变化，常说的玻璃折射率是指波长为 589.3 nm 的折射率，因为其谱线符号为 D，故称 n_{D}，是这种黄色光从空气进入玻璃时，入射角正弦与折射角正弦之比值。

色散系数（或称阿贝常数）$\nu = (n_{\mathrm{D}} - 1)/(n_{\mathrm{F}} - n_{\mathrm{C}})$。式中 $(n_{\mathrm{F}} - n_{\mathrm{C}})$ 称中部色散，即波长为 486.1 nm 与波长为 656.3 nm 对应的折射率之差。

通常为了增加色散，不致谱带宽度太小，采用折射率相同的两种玻璃的直角棱镜组合成立方棱镜，而二者的色散系数 ν 有较大差别，例如，火石玻璃（F2）的 $n_{\mathrm{D}} = 1.612\ 8$，重冕玻璃（ZK6）的 $n_{\mathrm{D}} = 1.612\ 6$，而前者色散系数 $\nu = 36.9$，后者 $\nu = 58.3$。

在纹影系统中，为了实现各方面的调整要求（谱带的宽度、方向、灵敏度、测量范围等），可采用一种可调色散光谱系统作为纹影光学系统的彩色光源部件，如图 3-44 所示。

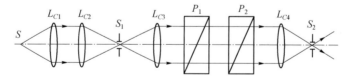

图 3-44　可调色散光谱的彩色纹影光源系统

由光源 S 发出的光线，经过聚光镜组（L_{C1}，L_{C2}），成像在狭缝光阑 S_1 上，通常将 S_1 作为有效纹影光源，这是基本的纹影光源狭缝系统。为了得到色散谱带，后面增加一组光源色散系统，即在第二聚光镜组（L_{C3}，L_{C4}）的平行光路中，设置两组组合色散棱镜（P_1 和 P_2），使色散谱带成像在第二狭缝光阑 S_2 上，这样不产生像差。在平行光路中，棱镜（P_1 和 P_2）可以实现沿光轴方向移动和绕光轴方位转动的调整，同时利用第二狭缝光阑 S_2 的跟随调整，可以实现谱线宽度和方向的变化，以及纹影系统的灵敏度及测量范围的调整。

3.8　不同纹影光阑组合的特点

不同组合的纹影光阑成像特点各不相同，但初始调整对流场显示的影响特点基本相同。在光源像不同遮挡条件下，纹影系统对不同频率成分的扰动的敏感度不同。

如果初始调整光屏为亮场，即刀口光阑不遮挡或遮挡少部分光源像，则纹影图像中滤掉了光谱中的高频成分，保留流场密度扰动中的低频成分。该调整方法能够显示低频暗光谱成分，如图 3-45（a）所示。

如果初始调整光屏为暗场，即刀口光阑遮挡住全部或大部分光源像，纹影图像中滤掉了光谱中的直流或低频成分，保留流场密度扰动中的高频成分。该调整方法能够显示高频亮光谱成分，如图 3-45（b）所示。

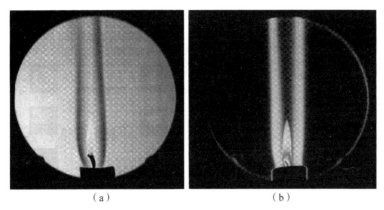

图 3-45　蜡烛羽流的纹影图像

（a）明场（b）暗场

不同光源像遮挡条件下湍流空气射流与空气混合的纹影图像如图 3-46 所示。由于湍流射流中以动态高频流动为主，由图可见，随着光源像遮挡程度的增加，高频射流流场图像逐渐清晰，流场分辨能力增加。

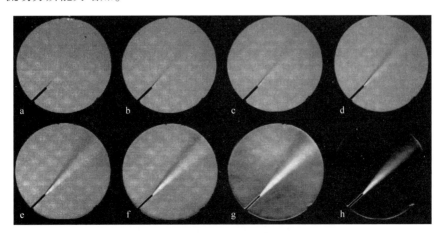

图 3-46　不同光源像遮挡条件下湍流空气射流与空气混合的纹影图像

（a）0%；（b）20%；（c）40%；（d）60%；（e）80%；（f）90%；（g）95%；（h）100%

3.9 典型纹影图

下面是在纹影仪调试、电火花放电、燃烧、爆轰过程研究中得到的典型纹影图片，如图3-47~图3-58所示，图中 ϕ 为当量比，P_o 为初始压力，E_o 为电火花点火能量，t 为时间。

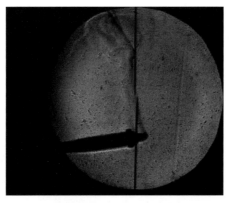

图 3-47　电烙铁热羽流

0.067 ms　0.132 ms　0.200 ms　0.267 ms　0.330 ms

图 3-48　10 J 电火花放电产生的爆炸波

0.100 ms　0.167 ms　0.200 ms　0.233 ms　0.267 ms

图 3-49　100 J 电火花放电产生的爆炸波

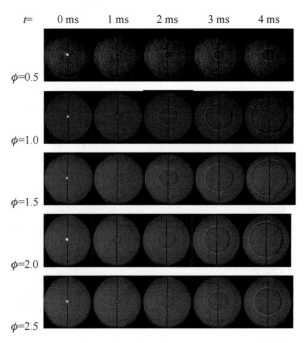

图 3-50　常压下氢气/空气混合物在不同当量比时的火焰传播过程

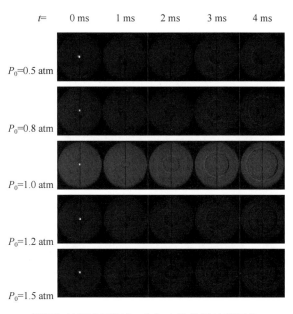

图 3-51　不同初始压力下氢气/空气火焰传播纹影图像（$\phi=1.0$）

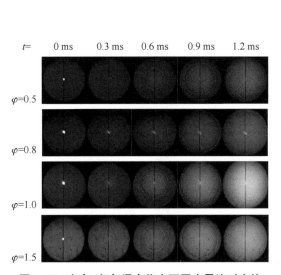

图 3-52　氢气/氧气混合物在不同当量比时火焰
传播的纹影图像（$P_0=1.0\text{ atm}$）

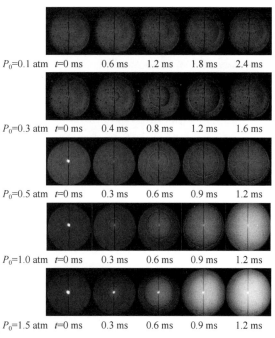

图 3-53　不同初始压力下氢气/氧气混合物火焰
传播的纹影图像（$\phi=1.0$）

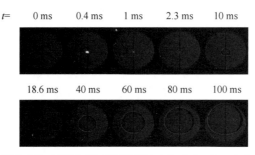

图 3-54 氨气/空气混合物火焰形成和传播过程（$\phi=1.0$，$P_0=1.0\ \text{atm}$，$E_0=1.0\ \text{J}$）

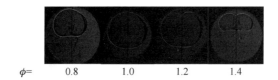

图 3-55 氨气/空气混合物火焰形状

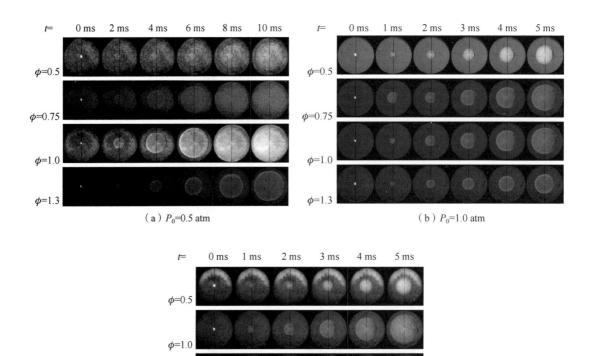

（a）$P_0=0.5\ \text{atm}$　　　　（b）$P_0=1.0\ \text{atm}$

（c）$P_0=1.6\ \text{atm}$

图 3-56 不同当量比条件下氨气/氧气混合物火焰传播纹影图片

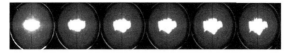

0.200 ms　0.320 ms　0.440 ms　0.560 ms　0.680 ms　0.800 ms

图 3-57　H_2/O_2 球形爆轰过程纹影图（$P_0 = 0.5$ atm，$\phi = 1.0$）

0.00 ms　0.100 ms　0.200 ms　0.300 ms　0.400 ms

图 3-58　C_2H_2/O_2 球形爆轰过程纹影图（$P_0 = 0.3$ atm，$\phi = 2.5$，30%Ar）

3.10　阴影法

阴影法使用的装置在流动显示的光学法中是最简单的，其通常是将一束光线通过被测流场的测试段，根据光线受扰动之后的光线位移量来分析气流密度或温度的分布。

3.10.1　阴影法的基本原理

阴影仪由光源、透镜（或反射镜）、显示屏（或记录图像装置）三部分组成。图 3-59 是阴影仪的原理图。

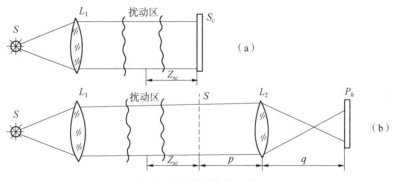

图 3-59　阴影仪原理图

当光源 S 射出的发散光经过透镜 L_1 时，被汇聚成平行光通过气体折射率分布不均匀的测试段区，光线将发生偏转，并在屏 S_c 上呈现出亮暗不均匀的图像，它反映扰动区的光线位移，如图 3-59（a）所示。为了避免在大试验场时使用过大的照相底板，常用图 3-59（b）所示的装置，利用透镜 L_2，可将扰动区流场图像线性地缩小到在 P_h 上。

图 3-60 表示了阴影仪中扰动光线位移的基本原理。

假定被测流场区的气体折射率不均匀性发生在 y 方向上，光线穿过测试段，在出口处偏转了一个角度 ε，偏转角 ε 是 y 的函数。光强由出口处 Δy 区域内的 I 变成了在观察屏 Δy_{sc} 区域内的光强 I_{sc}。假设扰动区原始的光强为 I_T，则在屏幕上的光强为：

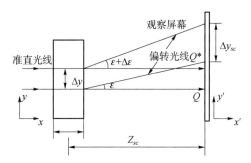

图 3-60　阴影法中光线位移的基本原理

$$I_{sc} = \frac{\Delta y}{\Delta y_{sc}} I_T \tag{3-116}$$

若 Z_{sc} 是测试段至屏幕之间的距离，则：

$$\Delta y_{sc} = \Delta y + Z_{sc} d\varepsilon \tag{3-117}$$

于是光强对比度为：

$$R_c = \frac{\Delta I}{I_T} = \frac{I_{sc} - I_T}{I_T} = \frac{\Delta y}{\Delta y_{sc}} - 1 = -Z_{sc} \frac{d\varepsilon}{dy} \tag{3-118}$$

由于：

$$\varepsilon = \int \frac{\partial(\ln n)}{\partial y} dz \tag{3-119}$$

则式（3-118）可写为：

$$R_c = -Z_{sc} \int \frac{\partial^2(\ln n)}{\partial y^2} dz = -\frac{Z_{sc} K_{GD}}{n} \int \frac{\partial^2 \rho}{\partial y^2} dz \tag{3-120}$$

上式中忽略二阶小量，当 $n=1$ 时，可以简化为：

$$R_c = -Z_{sc} K_{GD} \int \frac{\partial^2 n}{\partial y^2} dz \tag{3-121}$$

若折射率在 x 方向上有变动时，则相应的等式应为：

$$R_c = -Z_{sc} K_{GD} \int \frac{\partial^2 n}{\partial x^2} dz \tag{3-122}$$

当在 x，y 两个方向都有变动时，我们可以用坐标变换法求得对比度与折射率二阶导数之间的关系。

如图 3-60 所示，光线在折射率场中受扰动后会发生偏转，到达屏幕上的光点将由 Q 点偏移到 Q^* 点，屏幕上的光强分布将相对于未扰动情况发生了改变。

无扰动时屏幕上的光强为 $I_T(x,y)$，Q 点的坐标为光源坐标系坐标 (x,y)，在有扰动时，Q^* 点坐标变为 (x^*,y^*)，其光强为 $I_{sc}(x^*,y^*)$，(x^*,y^*) 为光屏坐标系坐标。光点坐标的变换使得其确定的光束所照明的面积发生了变形，即单位面积的光强亦发生了变化，坐标变换如图 3-61 所示。在光源坐标系 (x,y) 平面，光强为 $I_T(x,y)$，变换到光屏坐标系 (x^*,y^*)

平面后，光强为 $I_{sc}(x^*, y^*)$。

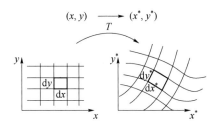

图 3-61　光源坐标到光屏坐标变换

变换后微元面积为：

$$dA = dx^* dy^* = J\,dxdy = \left| \frac{\partial(x^*, y^*)}{\partial(x, y)} \right| dxdy \tag{3-123}$$

则变换后光强 $I_{sc}(x^*, y^*)$ 应为：

$$I_{sc}(x^*, y^*) = I_T(x, y) \frac{dx \cdot dy}{dx^* \cdot dy^*} = I_T(x, y) \frac{1}{J} \tag{3-124}$$

其中 J 为从坐标系统 (x, y) 变换到 (x^*, y^*) 的变换函数的雅克比行列式。

由于假定扰动的偏转是无限小的，因此新坐标 x^*，y^* 与旧坐标 x，y 仅仅相差一个小量 Δ，且是 x，y 的函数：

$$x^* = x + \Delta x(x, y) = x + Z_{sc}d\varepsilon_x$$
$$y^* = y + \Delta y(x, y) = y + Z_{sc}d\varepsilon_y \tag{3-125}$$

忽略 Δx，Δy 的乘积及其各高次项，使变换函数线性化，则：

$$J = \left| \frac{\partial(x^*, y^*)}{\partial(x, y)} \right| = \begin{vmatrix} \dfrac{\partial x^*}{\partial x} & \dfrac{\partial y^*}{\partial x} \\ \dfrac{\partial x^*}{\partial y} & \dfrac{\partial y^*}{\partial y} \end{vmatrix} = \begin{vmatrix} 1 + \dfrac{\partial \Delta x}{\partial x} & 0 \\ 0 & 1 + \dfrac{\partial \Delta y}{\partial y} \end{vmatrix}$$

$$\approx 1 + \frac{\partial \Delta x}{\partial x} + \frac{\partial \Delta y}{\partial y} = 1 + Z_{sc}\left(\frac{d\varepsilon_x}{dx} + \frac{d\varepsilon_y}{dy} \right)$$

$$= 1 + Z_{sc} \int \frac{1}{n}\left(\frac{\partial^2 n}{\partial x^2} + \frac{\partial^2 n}{\partial y^2} \right) dz \tag{3-126}$$

小量 Δ 等于给出的线性位移 $\overline{QQ^*}$：

$$\Delta x = Z_{sc} \cdot \varepsilon_x = Z_{sc} \int \frac{1}{n} \frac{\partial n}{\partial x} dz$$

$$\Delta y = Z_{sc} \cdot \varepsilon_y = Z_{sc} \int \frac{1}{n} \frac{\partial n}{\partial y} dz \tag{3-127}$$

对比度 R_c 应为：

$$R_c = \frac{I_{sc} - I_T}{I_T} = \frac{1}{J} - 1 = -Z_{sc} \int_L \left(\frac{\partial^2}{\partial x^2} + \frac{\partial^2}{\partial y^2} \right)(\ln n)\,dz \tag{3-128}$$

当 $n \approx 1$ 时，

$$R_c = -Z_{sc} \int_L \left(\frac{\partial^2 n}{\partial x^2} + \frac{\partial^2 n}{\partial y^2} \right) dz \qquad (3-129)$$

从上述分析可以看出，阴影法是利用光线通过流场扰动区产生光线位移得到图像的对比度变化来显示折射场。粗略地讲，阴影法对于气流密度二阶导数的变化量敏感。

3.10.2　阴影法的实验装置

阴影仪的原理光路虽然简单，但在仪器的研制和加工中，涉及大口径的光学部件的消像差设计、加工和调整，同时要合适的照明光源和复杂的记录装置，如高速照相机、摄像机等相配套。因此实验装置的费用是比较昂贵的。在流动显示技术中，用于超声速风洞和激波管流场的阴影显示装置可以用纹影仪装置改装得到，其关键是合理使用纹影仪的两片大口径的准直镜和纹影镜。用于外弹道学中的阴影仪包括直接阴影仪、菲涅尔透镜间接阴影仪等。图 3-62、图 3-63 是几种用于风洞实验和弹道测试的阴影法的实验装置光路原理图。

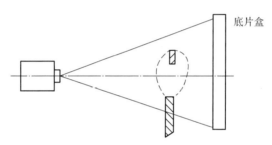

图 3-62　直接阴影系统

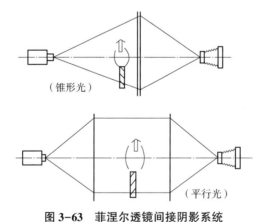

（锥形光）

（平行光）

图 3-63　菲涅尔透镜间接阴影系统

3.10.3　阴影法流动显示技术的应用

阴影法只能显示折射率的二阶导数不均匀的折射场，其对比度公式在折射率 $n \approx 1$ 时（如空气）为：

$$R_c = -Z_{sc} \int_L \left(\frac{\partial^2 n}{\partial x^2} + \frac{\partial^2 n}{\partial y^2} \right) \mathrm{d}z \qquad (3-130)$$

由图 3-60 可知，如果测试段在 y 方向的折射率一阶导数为常数，即 $\frac{\partial n}{\partial y}$ 为常数，那么，所有光线的偏转角 α 都是相同的，显示屏幕被均匀照明，阴影图像上无法确定折射率一阶导数的大小。如果在测试段中折射率二阶导数 $\frac{\partial^2 n}{\partial x^2}$ 或 $\frac{\partial^2 n}{\partial y^2}$ 是均匀分布的，则显示屏幕被均匀照明，只是强度增加或降低了。由此可见，阴影法只能显示折射率二阶导数的不均匀性。由于对比度的精确测量是很困难的，因此，典型的阴影系统很少用作定量研究。

第4章
流场密度分布测量的干涉方法

  流场密度分布测量的干涉方法是以光波干涉原理为基础的测量技术。由于激光技术和计算机图像处理技术的发展，这个传统的测量技术得到了广泛应用。干涉图中的干涉条纹是干涉测量得到的信息载体，反映了两路不同路径的光束传输过程的光程差。

  随着计算机技术的飞速发展，干涉条纹图形的分析实现自动采集和处理，大大推动了干涉条纹的定量计算工作，使干涉方法测量流场密度分布更具实际应用价值。

  光纤技术的发展和应用，可以大大改善干涉系统光路中光束的屏蔽，减少环境的各种干扰，使光学测试系统更加简单、灵活方便、稳定可靠。

  在空气动力学风洞试验中，除了基本的双光束干涉仪以外，还有全息干涉仪、点衍射干涉仪、剪切干涉仪（包括偏光干涉仪、光栅干涉仪等）、散斑干涉仪、莫尔干涉仪等。我们可根据不同的试验测量要求选用不同的方法。

  普通的声波、水波的振动传播中，可以看到两个点源发出的波互相干涉的图样，而对于光波，看不到两个独立光源发出的光波干涉图形，这是因为光源中每个原子的发光时间是 10^{-9} s，不同原子发光的初位相不同，在 10^{-9} s 时间内干涉图样变化，而眼睛能感受的强度变化持续时间需 0.1 s，因此看到的是平均强度分布。只能从同一光源同频率的光波通过分光法，得到两列或几列保持同相位差的光波，才能得到干涉图形。从干涉光束形成的方法上看，有波面分光法和振幅分光法两种。如杨氏干涉法中，让一束光入射到两个很靠近的小孔上，分别从小孔发出的两束光发生干涉，形成干涉条纹，称波面分光法；又如迈克尔逊干涉方法中，让一束光的强度被两个或多个反射镜面分成两部分或几部分，光强度被分光后形成的两个光束发生干涉，形成干涉条纹，称振幅分光法。

  一般的双光束干涉系统中，参考光束和测量光束是分两路的。这种形式受外界干扰大，条纹稳定性差，特别在大孔径光学系统中，由于干扰太大而无法工作。共光路干涉系统是将参考光束和测量光束路径安排在同一通道，使整个系统减少了环境干扰影响，工作更加稳定。

  大多数共光路干涉系统是采用部分透射面、部分反射面、半透半反射面或双折射晶体等进行分光，如半透半反镜、渥拉斯顿棱镜等，分光后的两束光产生一定的剪切而获得干涉条纹。点衍射干涉仪是一种共光路干涉系统，如图 4-1 所示，利用部分透射的针孔板作为分光元件，针孔衍射光束作为次级球面参考波面，而通过针孔周围区域的被测波面与参考波面叠加干涉形成干涉图。

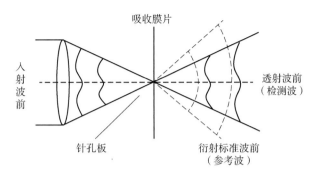

图 4-1　点衍射干涉仪原理

4.1　光波传播的光程差

当两束光波照明某一平面时，若两束光不具备相干条件，则照明平面上只是亮度增加；只有当两束光的频率相同，即波长相同的单色光有相同的振动方向和固定的相位差，经过不同路径在空间某给定点相遇，且振幅相差不大，光程差也不是太大时，会产生一个稳定的干涉图样，如图 4-2 所示，光通过两个不同路径 E 和 R 后，由于试验区 C 的存在，产生光程差。在观察平面上的某些区域，两束光相位相同，振幅相加，出现光强极大值；而另一些区域，两束光相位相反，振幅相减，出现了光强极小值，称这两束单色光是相干的，它们产生了干涉现象，在观察平面上可以看到明暗的干涉条纹。

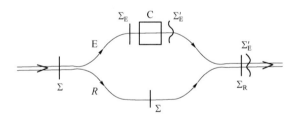

图 4-2　通过两个不同路径后产生光程差

当两光束初始相位相同或有恒定相位差，即相干波源光束的光强分别为 I_1 和 I_2，光程差为 ΔL，则观察平面上任一点的合成光强为：

$$I = I_1 + I_2 + 2\sqrt{I_1 I_2} \cdot \cos(2\pi \Delta L / \lambda) \tag{4-1}$$

式中，$(2\pi \Delta L / \lambda)$ 为相位差 $\Delta \Phi$，在干涉仪器中，两支光路的光程差 ΔL 可以用光束路径 l 和介质折射率 n 表示，即：

$$\Delta L = \sum_i n_i l_i - \sum_j n_j l_j \tag{4-2}$$

在两支相干光强度相等的情况下（$I_1 = I_2 = I_0$），当光程差是波长的整数倍（$\Delta L = \pm m\lambda$），相位差是 2π 整数倍（$\Delta \Phi = 2\pi m$）时，得到光强最大（$I_{\max} = 4I_0$），形成亮条纹，当光程差是半波长的奇数倍 [$\Delta L = \pm (2m+1) \lambda / 2$]，相位差是 π 奇数倍 [$\Delta \Phi = \pi(2m+1)$] 时，得到光强极小值（$I_{\min} = 0$），形成暗条纹。比值（$\Delta L / \lambda$）称为干涉级次，只要干涉级次变化一个数，就从一个条纹过渡到相邻的下一个条纹，亮条纹为干涉级整数，而暗条纹为附属整数级后面的半级，如 1.5 级、2.5 级等。

显然，干涉场内光强度的分布直接反映光程差的大小，相位差相同的各点连线，称为干涉条纹，两个相邻条纹中心之间的距离称为条纹宽度。因此，用干涉条纹可以测量光程差，从而推算折射率场的分布。干涉条纹的对比度直接影响测量精度。干涉条纹的对比度 γ 为：

$$\gamma = \frac{I_{\max} - I_{\min}}{I_{\max} + I_{\min}} \qquad (4-3)$$

若 $I_{\min} = 0$，则 $\gamma = 1$，暗条纹全黑，条纹对比度最大；当 $I_{\max} = I_{\min}$ 时，$\gamma = 0$，则不再有可见的条纹。干涉条纹的对比度是衡量干涉测量优劣的重要指标。控制两相干光束光强是获得条纹对比度较好的关键，因此，应尽可能使两相干光束强度相同。

当 $I_1 = I_2 = I_0$ 时，$I_{\max} = 4I_0$，$I_{\min} = 0$，$\gamma = 1$；当 $I_1 \neq I_2$ 时，有：

$$\gamma = \frac{2\sqrt{I_1 I_2}}{I_1 + I_2} \qquad (4-4)$$

当 $I_1 = \frac{I_2}{2}$ 时，$\gamma = \frac{2\sqrt{2}}{3} \approx 0.9$，条纹基本清晰；当 $I_1 \geq 18I_2$ 时，即使发生干涉，人眼也无法辨认干涉条纹。此外，光源的大小和光谱的组成以及光谱的线宽度都会影响干涉条纹的对比度。光源的线宽（发射频率）越窄，单色性越好，相干性也越好。

4.2　相干光源及其形成方法

要形成稳定的干涉条纹，光源要满足相干条件，即：
（a）频率相同；
（b）有相同的振动方向和相位差；
（c）振幅相近。

为了获得满足上述要求的两束或多束相干光，通常是由同一光源发出的光用不同方式分离成两束或多束相干光束，即物光束和参考光束，从干涉条纹的变化中得到物光束带来的光程差信息。获得相干光束的常用方法有两种，即振幅分光法和波面分光法，如图 4-3 所示。

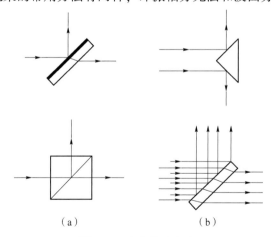

（a）　　　　　　　　　（b）

图 4-3　光束分离方法

振幅分光法的说明如图 4-3 (a) 所示，在平行平板或棱镜的胶合面上，整体被镀成半透半反射的析光膜，将光束振幅（强度）分成两部分，一部分反射，一部分透射，形成两路光束。波面分光法有两类，如图 4-3 (b) 所示，一类是一个平面波或球面波（用其法线表示），被一个直角棱镜的两个反射面分光，形成两路光线；另一类是在透明平行平板上，有一半的面积被镀成反射膜，这样有一半光束被反射，一半光束被透过，形成两路光束。

4.2.1 波面分光法

利用光阑（小孔等）、反射镜或其他光学零件将一个波面分成几个部分，由这些部分发出的光波，在干涉光学系统中经过不同路径，然后彼此叠加在一起形成干涉条纹，这一类干涉常称为菲涅尔干涉。用类似杨氏双缝干涉的小孔干涉说明波面分光法的原理，如图 4-4 所示。用一个小光源 A（尺寸为 d）的中心 S 所发出的球面波 W，射到具有两个小孔 S_1 和 S_2 的不透明板上，这两个小孔就成了衍射波 W_1 和 W_2 的中心。如果没有衍射现象，则在距离小孔为 D 的屏上就是两个亮点 S_1' 和 S_2'；但是由于小孔对光的衍射作用，使衍射光叠加的区域 R_1R_2 围内形成干涉条纹。

关于形成干涉条纹的光程差如图 4-5 所示。在屏上任一点 P，其光程差为 $\Delta P = S_2P - S_1P$，假定两个小孔间隔距离为 $2a$，小孔与屏 O 之间的距离为 D，且 $D \gg 2a$，则光程差 $\Delta = 2a \cdot y/D$，相位差为 $\delta = 2\pi \cdot \Delta/\lambda = k \cdot \Delta$，其中 $k = 2\pi/\lambda$。

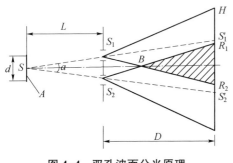

图 4-4 双孔波面分光原理

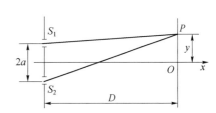

图 4-5 形成光程差的示意

由此可得到光源 S_1 和 S_2 发出的光在屏上任一点 P 的合成光强为：

$$I = 2I_1[1 + \cos(\delta)] = 4I_1 \cos^2 \frac{\delta}{2} = 4I_1 \cos^2(k \cdot a \cdot y/D) \qquad (4-5)$$

式中，I_1 代表子光源（S_1，S_2）的发光强度（$I_1 = I_2$）。由于孔距 $2a$ 以及小孔与屏之间的距离 D 不变，则在屏上的光强度随高度 y 按正弦规律变化。

可以想象，在干涉场的不同位置，相位差 δ 是不同的，在干涉场中具有相同相位 δ 的各点的连线称为干涉条纹。在相位差 δ 变化 2π 时，对应光程差 Δ 变化一个 λ，干涉条纹将过渡到另一个条纹上。这就是波面分光法的基本原理。

4.2.2 振幅分光法

当光束在两种介质的界面上发生部分反射和折射时，将振幅分成两部分或几部分，如图 4-3 (a) 所示。例如，可以用平行平面玻璃板或棱镜分光，由部分反射光束和部分透射光束彼此叠加并发生干涉，这一类干涉常称为牛顿干涉。

利用双折射棱镜也可实现振幅分光，例如，一束光通过渥拉斯顿棱镜后被分成两束光，这两束在空间振动方向相互垂直的偏振光，经过相位场后，用第二个双折射棱镜调制，使这两个偏振光重新回到一个平面内振动，并使其叠加形成干涉。

4.3 干涉图形分析

4.3.1 干涉条纹的形状和间隔

如图 4-6 所示，相干光源 S_1 和 S_2，它们的相位差可以有任意值，而且是常数，在特殊情况下，它们的相位差等于零。由两相干光源发出的光波，在空间某些点上相交，在距 S_1 和 S_2 的距离之差相等或相差为波长的整数倍的诸点上，将具有相同的光强，这些点的几何位置是一个以 S_1 和 S_2 为焦点的空间旋转双曲面族。当在任意平面上观察干涉图样时，干涉条纹就是该平面与这些双曲面族的交线，这时，干涉条纹的形状、宽度及方向仅取决于观察面的方位，而与光程差 Δ 无关。

最常遇到的有两种情况。第一种是观察屏 1 平行于 S_1 和 S_2 连线且与之相距为 L，设 $S_1 S_2 = a$，且 $a \ll L$，观察屏上的点 M 到 S_1 和 S_2 的距离相等，其光程差仅取决于 S_1 和 S_2 上两振动的相位差。

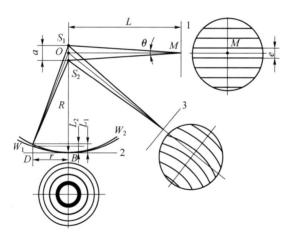

图 4-6 条纹的形状和间隔

在垂直于图面并通过点 M 的直线上，所有点的光程差是相同的。如果 S_1 和 S_2 的相位差为零，则零级亮纹在 M 点上通过。分布在零级条纹两侧的干涉条纹，也都可以近似地看作直线，干涉条纹的间隔是相邻条纹中心之间的距离。从一个条纹过渡到相邻条纹，对应于光程差 Δ 变化为 λ，如图 4-6 所示。干涉条纹分析如图 4-7 所示。

$$\sin \theta = \frac{e}{L} \approx \frac{\lambda}{a} \tag{4-6}$$

式中，θ 为相邻两条亮条纹与光源 S_1，S_2（距离为 a）中点连线的夹角。

所以，条纹间距为：

$$e = \frac{L\lambda}{a} \tag{4-7}$$

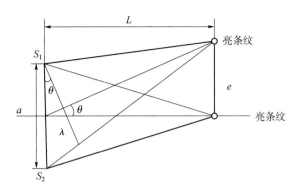

图 4-7　干涉条纹间距示意图

因此，条纹间隔与波长和光源至观察屏的距离 L 成正比，而与两光源间隔距离 a 成反比。若用白光观察，则在通过 M 点的零级条纹的两侧，可以看到 4 条~5 条对比度逐渐降低的彩色条纹。

第二种情况是观察屏 2 垂直于 S_1 和 S_2 的连线。从 S_1 和 S_2 发出的两个球面波 W_1 和 W_2 在 B 点相遇，其曲率半径分别为 $R+a=S_1B$ 和 $R=S_2B$。在两个波面的共同切点 B 上，光程差 Δ_0 具有最大值，且其值等于 a。在观察屏上 D 点的光程差与 Δ_0 相差 $d\Delta(d\Delta \approx L_1-L_2)$，式中 L_1 和 L_2 分别为波面 W_2 和 W_1 的弯曲度，如图 4-8 所示。

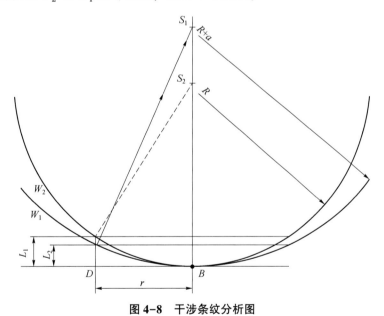

图 4-8　干涉条纹分析图

由相交弦定理有：

$$L_1(2R-L_1)=r^2$$
$$L_1=r^2/(2R-L_1) \sim r^2/2R$$
$$L_2=r^2/[2(R+a)-L_2] \sim r^2/2(R+a) \tag{4-8}$$

分别有：

$$L_1 \approx r^2/2R,\ L_2 \approx r^2/2(R+a) \tag{4-9}$$

由此可得：

$$d\Delta = L_1 - L_2 \approx \frac{a}{2}\left(\frac{r}{R}\right)^2 \tag{4-10}$$

因此，$d\Delta$ 值与 D，B 两点之间的距离的平方成正比。r 相同的各点，光程差相同。在这种情形中，圆环条纹的中心位于 B 点，则在 $d\Delta = N\lambda$ 时，通过 D 点的亮条纹环的序号为 N，该条纹环的半径为：

$$r_N = R\sqrt{\frac{2N\lambda}{a}} \tag{4-11}$$

由此可见，在观察屏 2 所在的平面上，各干涉圆环的半径正比于波长整数倍的平方根。

除了以上两种最常见的情况外，在其他所有位置上，如图中所示的观察平面 3，将观察到各种弯曲条纹，条纹弯曲量与观察方位有关，而且总是弯向 B 点的。

4.3.2　干涉图条纹的调整

在两光束相干涉形成条纹时，可以有不同的调整形式，通常分为无限宽干涉条纹和有限宽干涉条纹两种，下面用典型的马赫–曾德尔（Mach-Zehnder，简称 M-Z）干涉仪进行分析，图 4-9（a）所示是 M-Z 干涉仪的基本光路图，光路由两个全反射平面镜 M_1、M_2 和两个半透半反射分光镜 BS_1、BS_2 组成，形成一个矩形布置的等光程光路系统，两路光束到达观察屏 P 上形成干涉条纹。

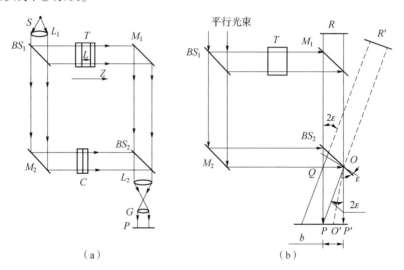

（a）　　　　　　　　　　　　　（b）

图 4-9　干涉条纹的调整原理图

（a）无限宽干涉条纹光路系统；（b）有限宽干涉条纹光路系统

如果这四大平面镜的镜面与入射光束都精确地成 45°的倾斜位置，且镜面是无像差的高质量，那么，对于这样的基本系统来说，经由参考段 C 和 BS_2 反射的光束和经由试验段 T 和 BS_2 透射的光束，到达观察屏 P 的光线都有相同的相位，屏上呈现一个非常明亮的光斑，看不到干涉条纹，这称为干涉光学系统的"无限宽度条纹"调整，一旦在试验段 T 区域中有密度扰动，经过试验段和参考段的光束就会产生光程差或相位差，那么，干涉场中将呈现等密度分布的条纹，如表 4-1 所示。

表 4-1　干涉条纹调整形式

干涉仪 调整基准	◯	无限干涉条纹	
调整形式	无限宽干涉条纹		有限宽干涉条纹
无密度扰动	◯ 亮视场	▨ ▤	平行直条纹
有气动流场	◉ 等密度场分布	▨ ▨	条纹错位移动

如果分光镜 BS_2 从基准位置偏斜一个微小角度 ε，则经过 O 点的反射光线偏斜 2ε 角后到达观察屏上 P 点，经过 O 点的透射光线到达观察屏上 P' 点，并记 $b=P'P$，如图 4-9（b）所示。经反射到达 P 点的光线与经透射到达 P' 点的光线出现一个固定的光程差（$OP-QP$），其中 QP 相当于 OP' 的距离，即

$$OP=\frac{b}{\sin(2\varepsilon)}$$

$$QP=\frac{b}{\tan(2\varepsilon)}=\frac{b\cos(2\varepsilon)}{\sin(2\varepsilon)}$$

光程差

$$\Delta l=OP-QP$$

$$=[1-\cos(2\varepsilon)]\cdot\frac{b}{\sin(2\varepsilon)}$$

$$=\frac{2\sin^2\varepsilon\cdot b}{2\sin\varepsilon\cos\varepsilon}=b\cdot\tan\varepsilon=b\varepsilon$$

即：

$$\Delta l=b\varepsilon \tag{4-12}$$

如果从观察屏 P 的位置向干涉仪分光镜 BS_2 方向观察，就可以看到错开角为 2ε 的两个互相剪切的亮斑 R 和 R'。剪切量可以通过分光镜 BS_2 的转角大小调节，这两个虚波面 R 和 R' 是合乎相干条件的，干涉条纹的数量和波面间的倾斜角取决于 R 和 R' 的相对位置。在过 O 点和角 2ε 的平分线位置（OO'），两相干光的相位是相等的，所以 O' 点是零级条纹的位置。

采用前面的系统方法，可得 OO' 与 OP 之间的光程差为 $\Delta l/2=b\varepsilon/2$，当该光程差等于 λN 时，则在 $O'P$ 范围内存在 N 条条纹，即：

$$b\varepsilon/2=N\lambda \tag{4-13}$$

这样，PP' 范围内有 $2N$ 条条纹，所以条纹间隔为：

$$e=b/2N=\lambda/\varepsilon \tag{4-14}$$

这时，在垂直于图纸平面的干涉场中形成等间隔的直条纹，称为"有限宽条纹"调整，如表 4-1 所示。当 $\varepsilon=0$ 时，$e\to\infty$，即为前面所述的无限宽条纹，成为明亮的光斑，即呈现光源波长的色彩。

当改变倾斜角 ε 的大小时，可调整得到不同间距的干涉条纹，称为背景条纹，如图 4-10 所示，这是加热圆柱体的等密度干涉图。利用分光镜倾斜方向的不同，使干涉条纹的

方向变化，成为水平条纹或垂直条纹或其他方向的条纹。当光路中无像差及无密度扰动时，这些条纹都是等间距的明暗相间的直条纹。当试验区存在密度扰动时，背景条纹发生错位移动。

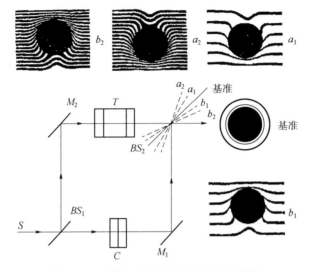

图 4-10 背景条纹随倾斜角度变化示意图

4.3.3 干涉条纹分析

1. 等密度分布条纹（无限宽条纹调整）

设光线沿 z 方向传输，试验区密度变化为二元情况，折射率为 $n(x,y)$，沿 z 方向的光路长度为 L，则两条光路的光程差为：

$$\Delta l = \int_0^l [n(x,y)-n_0]\mathrm{d}z = [n(x,y)-n_0] \cdot L \tag{4-15}$$

根据干涉原理，在屏上出现暗条纹时，暗条纹数为：

$$[n(x,y)-n_0] \cdot L = \frac{\lambda}{2}(2N-1)$$
$$N=1,2,3\cdots \tag{4-16}$$

由格拉德斯通—戴尔公式，有：

$$n(x,y)=K_{GD}\rho(x,y)+1,$$
$$n_0=K_{GD}\rho_0+1 \tag{4-17}$$

式中，K_{GD} 为 G-D 常数，ρ_0 为初始密度。则密度分布与干涉条纹的关系式为：

$$\rho(x,y)=\rho_0+\lambda(2N-1)/2K_{GD}L \tag{4-18}$$

从 $N=1$ 起算，当 $N=M$ 时的密度为 ρ_M，有：

$$\rho_M=\rho_0+\lambda(2M-1)/2K_{GD}L \tag{4-19}$$

则 $N=M+m$ 时的密度有：

$$\rho_{M+m}=\rho_M+\lambda m/K_{GD}L \tag{4-20}$$

由式（4-20）可以得到任意两条纹间的密度差，进一步可以得到密度梯度。用无限宽条纹宽度调整时，干涉条纹是等密度线。若密度变化由温度场引起，则干涉条纹是气体的等温度线。

2. 移动干涉条纹（有限宽条纹调整）

干涉条纹的一个重要特征是条纹间隔的比例因子，即一个条纹间隔所代表的相应的光程差，这种称为比例因子的对应值，取决于干涉仪光学系统的结构布置，分别有 $\lambda/2$、λ 或 λ 的若干倍数。当试验区初始状态没有密度变化时，干涉场中是一组平行等间隔直条纹。当试验区存在密度分布变化时，直条纹产生错位平移，以波长为单位表示干涉光程差，有：

$$\Delta l = \left[n(x,y) - n_0 \right] \cdot L = h \cdot \lambda \tag{4-21}$$

式中，h 为条纹偏移量，$h = \Delta n \cdot L / \lambda$，条纹间隔与干涉系统的比例因子有关。利用反射镜反射，使测量光束两次通过测量区，称双通干涉系统，此时，有半个波长 $\lambda/2$ 的光程差对应一个条纹的间隔。测量光路和参考光路分离的系统，称为单通干涉系统，在这类系统中，有一个波长 λ 的光程差对应一个条纹的间隔，如图 4-11 所示。

在 $P_1 P_1'$ 和 $P_2 P_2'$ 之间为初始设定的条纹间隔，从初始 $P_1 P_1'$ 中的 P_1'' 位置条纹移动到 P_2'' 位置，光程差为一个波长 λ，在 P_2'' 上的移动系数为 $h(P_2'')=1$；同样在 P_4'' 位置上，移动系数 $h(P_4'')=2$（光程差为 2λ）。密度与折射率的关系式有：

$$\rho = \rho_0 + \Delta n / K_{GD} \tag{4-22}$$

则有：

$$\rho(x,y) = \rho_0 + \frac{\lambda}{K_{GD} L} \cdot h(x,y) \tag{4-23}$$

因此，只要读出条纹的移动系数 $h(x,y)$，即可计算出密度分布 $\rho(x,y)$，图 4-11 中条纹移动都是整数倍。如果错位移动小于一个波长，就按比例计算，如图 4-12 所示。

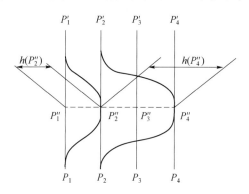

图 4-11　移动干涉条纹分析

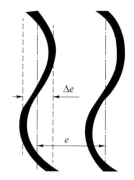

图 4-12　小于一个条纹间距的移动

在干涉图上，一般看到扰动存在时出现的条纹相对偏移（$\Delta e/e$），e 为无扰动时的条纹间距（$e = \lambda/\varepsilon$），Δe 为条纹偏移量，用相位差表示为：

$$\Delta e = \left(\frac{\Delta \Phi}{2\pi} \right) \cdot e \tag{4-24}$$

用光程差可表示为：

$$\frac{\Delta e}{e} = \frac{\Delta l}{\lambda} = \frac{L \Delta n}{\lambda} = \frac{L K_{GD} \Delta \rho}{\lambda} \tag{4-25}$$

因此，对于一个二元流场，从干涉图上测量出扰动区相对于无扰动部分条纹的相对位移（$\Delta e/e$），就可以计算出扰动区某点位置的密度变化。

4.4 渥拉斯顿棱镜剪切干涉仪

渥拉斯顿棱镜剪切干涉仪是利用双折射棱镜分光，形成振动互相垂直的两束偏振光，产生偏振光干涉，通常用平行光纹影系统改装。在纹影光路的狭缝和刀口位置，用双折射棱镜代替，因此很多场合称其为纹影干涉仪；由于是偏振光干涉，所以也有一些场合称其为偏光干涉仪。在该干涉仪中，测试光路与参考光路为同一光路。

4.4.1 双折射棱镜分光原理

双折射棱镜能够将入射光线分离成有一定夹角 θ 的两条出射光线，这两条光线是振动方向互相垂直的偏振光。如图 4-13 所示为渥拉斯顿棱镜分束器，用双折射晶体（方解石、石英晶体）做成的两个棱镜的光轴互相垂直（标以 ↕ 和 ⊕），α 是棱镜角，取其光轴与棱镜表面平行，该棱镜能够使垂直棱镜表面入射的光束对称分离，在离出射表面较远处，o 光和 e 光散开的角度较大，而在各自的传播方向上保持平面偏振特性。

o 光（寻常光）：偏振方向与光轴垂直。

e 光（非寻常光）：偏振方向与光轴平行。

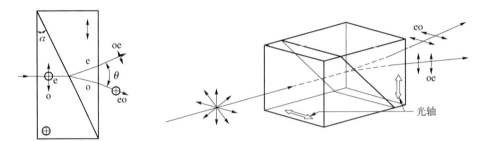

图 4-13　渥拉斯顿棱镜分束的原理示意图

双折射棱镜相应有两种折射率 n_o 和 n_e（例如，石英晶体，$n_o = 1.54$，$n_e = 1.55$），因此会分离形成寻常光 o（偏振方向与光轴垂直）与非寻常光 e（偏振方向与光轴平行）。

当入射光垂直棱镜表面入射时，即垂直棱镜的光轴入射，在第一个直角棱镜中分解成 o 光和 e 光，由于存在相应的不同折射率，故以不同速度传播，但两条光线是重合在一起的。由于两个直角棱镜光轴互相垂直，在第一棱镜中的 o 光，到第二棱镜中变成 e 光，反之亦然。

图 4-14 为方解石渥拉斯顿棱镜分光示意图，对于方解石晶体，$n_o = 1.658$，$n_e = 1.486$。在第一棱镜中的 o 光，到第二棱镜中变成 e 光，由折射率定律：

$$\frac{\sin \alpha}{\sin \gamma_{oe}} = \frac{n_e}{n_o} \tag{4-26}$$

折射角 γ_{oe} 为：

$$\gamma_{oe} = \sin^{-1}\left(\frac{n_o}{n_e}\sin \alpha\right) \tag{4-27}$$

在空气界面上的入射角 i_e 为：

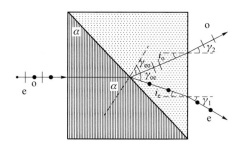

图 4-14　方解石渥拉斯顿棱镜分光示意图

$$i_e = \gamma_{oe} - \alpha \tag{4-28}$$

由折射率定律：

$$\frac{\sin(\gamma_{oe} - \alpha)}{\sin \gamma_1} = \frac{1}{n_e} \tag{4-29}$$

折射角 γ_1 为：

$$\gamma_1 = \sin^{-1}[n_e \sin(\gamma_{oe} - \alpha)] \tag{4-30}$$

当 γ_{oe}，α 为小量时，

$$\gamma_1 \approx n_e \sin(\gamma_{oe} - \alpha) \approx n_e(\gamma_{oe} - \alpha) \tag{4-31}$$

将式（4-27）代入式（4-31），并且 α 为小量：

$$\gamma_1 \approx n_e\left(\frac{n_o}{n_e}\alpha - \alpha\right) = (n_o - n_e)\alpha \tag{4-32}$$

在第一棱镜中的 e 光，到第二棱镜中变成 o 光，由折射率定律：

$$\frac{\sin \alpha}{\sin \gamma_{eo}} = \frac{n_o}{n_e} \tag{4-33}$$

折射角 γ_{eo} 为：

$$\gamma_{eo} = \sin^{-1}\left(\frac{n_e}{n_o}\sin \alpha\right) \tag{4-34}$$

在空气界面上的入射角 i_o 为：

$$i_o = \alpha - \gamma_{eo} \tag{4-35}$$

由折射率定律：

$$\frac{\sin(\alpha - \gamma_{eo})}{\sin \gamma_2} = \frac{1}{n_o} \tag{4-36}$$

折射角为 γ_2：

$$\gamma_2 = \sin^{-1}[n_o \sin(\alpha - \gamma_{eo})] \tag{4-37}$$

当 $\alpha - \gamma_{eo}$ 为小量时：

$$\gamma_2 \approx n_o \sin(\alpha - \gamma_{eo}) \approx n_o(\alpha - \gamma_{eo}) \tag{4-38}$$

将式（4-34）代入式（4-38），并且 α 为小量：

$$\gamma_2 \approx n_o\left(\alpha - \frac{n_e}{n_o}\alpha\right) = (n_o - n_e)\alpha \tag{4-39}$$

由式（4-32）（4-39）可得出射光线分离角为：

$$\theta=\gamma_1+\gamma_2=2(n_o-n_e)\alpha \tag{4-40}$$

如果石英晶体，$n_e>n_o$，分析过程类似。由于在第二棱镜表面非垂直入射，两条光线呈现空间分离，以张角 θ 从第二棱镜中出射，一束是 oe 光，另一束是 eo 光。如果棱镜角 α 很小，则分离角为：

$$\theta=2(n_e-n_o)\alpha \tag{4-41}$$

当光线离开棱镜后，两偏振光与原始光线方向的偏移角分别为±（$\theta/2$）。若采用 $\alpha=1°$ 的石英棱镜，$n_o=1.54$，$n_e=1.55$，则两光束的分离角 $\theta\approx0.02°$，相当于 0.000 35 rad。

4.4.2 偏振光的干涉

由于双折射晶体或偏振棱镜得到的两束偏振光的振动方向是互相垂直的，因此，这样两束正交偏振的线偏振光相遇时不会产生干涉，若能使两束偏振光的振动方向一致，则与通常两束相干光相遇时产生干涉一样，形成偏振光干涉。下面以石英双折射棱镜为例（$n_e>n_o$）进行光的干涉分析。

在双折射棱镜后面放置偏振镜，当转动偏振镜时，使它与棱镜的两个偏振方向构成45°角，这样寻常光 o 与非寻常光 e 的振动方向经过偏振镜的调整，具有了相同的偏振方向，从而产生干涉，关键是在干涉之前，棱镜将相应的两束光线合并在一起。棱镜形成的光束分离角，使得在实验观测区内的两条光线分开的位移量为 $d'=\theta\cdot f_1$，其中 f_1 是第一纹影镜（准直镜）的焦距，θ 为第一纹影镜形成的会聚光线的夹角。为了将两束光线合并一起，在第二纹影镜焦点上放置渥拉斯顿棱镜，由光线可逆原理，则在测试流场相距为 $d=\theta\cdot f_2$ 的光线合并为一条光线，如图 4-15 所示。

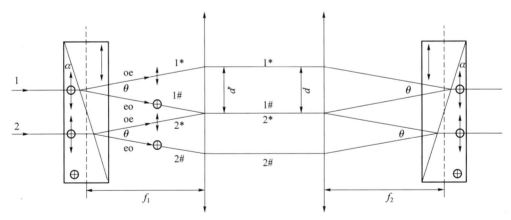

图 4-15　光束的分离与合并

偏振光干涉原理如图 4-15 所示，在普通纹影系统光源狭缝及刀口位置各放置一个渥拉斯顿棱镜，用平行于纹影系统光轴的光作为光源。下面以石英晶体为棱镜为例进行讨论，有 $n_e>n_o$。

设有两条入射光线 1 和 2，分别被双折射分解成 1# 寻常光和 1* 非寻常光以及 2# 寻常光和 2* 非寻常光。如果在试验区中，两条光线分解通过不同折射率为 n_1 和 n_2 的区域，则会引起相位差。具有相位差的两条相干光线会形成干涉条纹。

这里利用光的可逆性，在刀口位置放置渥拉斯顿棱镜，则在试验区域中相距 $d=\theta\cdot f_2$ 的光线经透镜会聚，通过渥拉斯顿棱镜后变为平行的光线，但是偏振方向互相垂直。

　　由于光线在渥拉斯顿棱镜中的分离，在干涉图视场中，某些试验模型的边缘可能呈现双像，若旋转棱镜使某条棱边平行于光束分离距离以及测量的密度梯度方向，那么可以消除双像。这也可作为校正棱镜分离方向的简单方法。

　　根据剪切量与物体大小的关系，通常有两种观察调整方法。当剪切量大于物体时，用完全重合法，即无限条纹宽度调整。当剪切量比物体尺寸小很多时，用差分重叠法，即有限条纹宽度调整。背景条纹的位移量 Δe 与渥拉斯顿棱镜相对于光轴的位置有关。棱镜位置的几何关系如图 4-16 所示，用单个棱镜分析干涉原理。

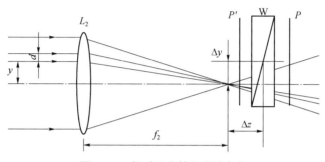

图 4-16　相对于光轴位置的变化

　　如果棱镜对称中心与纹影镜 L_2 的焦点完全重合，且试验区有均匀的密度分布，则通过棱镜的每组相干光线不出现相位差，视场中没有出现干涉条纹，只呈现一种色调，称"无限条纹宽度"调整。在这种情况下，若存在不均匀分布密度场，则所得到的光程差干涉条纹代表等密度梯度分布。

　　当棱镜对称中心与纹影镜 L_2 的焦点有微量错位，比如，棱镜沿光轴方向作水平移动时，则视场出现明暗相间的条纹，两条相干的光线在棱镜中路径变化，以不同相位离开棱镜。同样，棱镜沿垂直光轴方向移动，或沿两个方向同时移动，也是如此。形成背景条纹的状态，称为"有限条纹宽度"调整。下面做分别叙述。

1. 渥拉斯顿棱镜沿光轴向后移 Δz 的距离

　　当棱镜偏离系统焦点时，任何一条光线经过前后两块直角棱镜的光程不再相等，如图 4-17 所示。

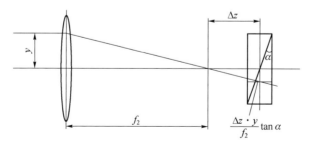

图 4-17　渥拉斯顿棱镜水平偏离焦点

　　设渥拉斯顿棱镜宽度系数为 1，则每个直角棱镜的宽为 1/2。任选一条光线，假定光线对棱镜的入射角很小，设寻常光 o 通过第一个直角棱镜，变成非寻常光 e 通过第二个直角棱镜，其光程 l_1 为（$\tan \alpha = \alpha$，α 很小）：

$$l_1 = n_o\left(\frac{1}{2} - \alpha\frac{\Delta z \cdot y}{f_2}\right) + n_e\left(\frac{1}{2} + \alpha\frac{\Delta z \cdot y}{f_2}\right) \tag{4-42}$$

式中，y 代表光线在平面内的坐标位置，忽略分离角 θ 的影响，与之对应的另一条相干光，由非寻常光已经透镜厉变为寻常光 o，有光程：

$$l_2 = n_e\left(\frac{1}{2} - \alpha\frac{\Delta z \cdot y}{f_2}\right) + n_o\left(\frac{1}{2} + \alpha\frac{\Delta z \cdot y}{f_2}\right) \tag{4-43}$$

因此，这两条光线的光程差为：

$$\Delta l = l_1 - l_2 = 2\alpha\frac{\Delta z \cdot y(n_e - n_o)}{f_2} \tag{4-44}$$

相应干涉条纹的位移量有：

$$\frac{\Delta e}{e} = \frac{\Delta l}{\lambda} = 2\alpha\frac{\Delta z \cdot y(n_e - n_o)}{f_2\lambda} = \frac{\theta}{\lambda} \cdot \frac{\Delta z \cdot y}{f_2} \tag{4-45}$$

从式（4-45）可知，两条光线的相位差或干涉条纹的位移量 $\Delta e/e$ 与光线的坐标位置 y 成正比$\left(\text{严格地说，试验区的精确位置 } y \pm \frac{d}{2} = y \pm \frac{\theta \cdot f_2}{2}\right)$，干涉图上形成等间隔平行的干涉条纹。当 $\Delta l = 0, \lambda, 2\lambda, \cdots, m\lambda$ 时，对应的检测光线在检测平面内的垂直位置为 $y = 0, \dfrac{\lambda f_2}{\theta \cdot \Delta z}$，$2\dfrac{\lambda f_2}{\theta \cdot \Delta z}, \cdots, m\dfrac{\lambda f_2}{\theta \cdot \Delta z}$，条纹的间距 e 为：

$$e = \frac{\lambda f_2}{2\alpha(n_e - n_o)\Delta z} = \frac{\lambda f_2}{\theta \cdot \Delta z} \tag{4-46}$$

2. 渥拉斯顿棱镜在垂直光轴方向上移动 Δy 距离

当渥拉斯顿棱镜在垂直光轴方向上移动 Δy 距离时，光程分析如图 4-18 所示。

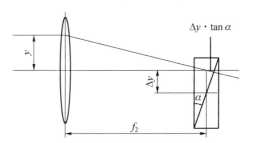

图 4-18　渥拉斯顿棱镜垂直偏离焦点

同前述的道理一样，寻常光 o 通过第一直角棱镜，变成非寻常光 e 通过第二个直角棱镜，其光程 l_1 为：

$$l_1 = n_o\left(\frac{1}{2} + \Delta y\tan\alpha\right) + n_e\left(\frac{1}{2} - \Delta y\tan\alpha\right) \tag{4-47}$$

非寻常光 e 通过第一直角棱镜，变成寻常光 o 通过第二个直角棱镜，其光程 l_2 为：

$$l_2 = n_e\left(\frac{1}{2} + \Delta y\tan\alpha\right) + n_o\left(\frac{1}{2} - \Delta y\tan\alpha\right) \tag{4-48}$$

两相干光束之间的光程差 Δl 为：

$$\Delta l = l_1 - l_2 = 2 \Delta y \tan \alpha (n_o - n_e) = \theta \Delta y \tag{4-49}$$

相应的条纹位移量（相应的相位差）有：

$$\frac{\Delta e}{e} = \frac{\Delta l}{\lambda} = -2\alpha (n_e - n_o) \frac{\Delta y}{\lambda} = -\frac{\theta \cdot \Delta y}{\lambda} \tag{4-50}$$

光程差与 y 无关，所有位置处光程变化相同，不会引起条纹间距变化，只是引起干涉条纹级次变化，随 Δy 增加，原来中心位置的条纹逐渐向外移动。

3. 渥拉斯顿棱镜中心偏离光学系统光轴和焦平面（既有 Δy，又有 Δz）

当渥拉斯顿棱镜中心偏离光学系统光轴和焦平面时，光程分析如图 4-19 所示。

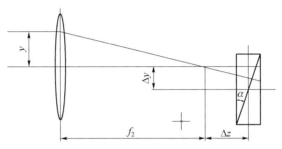

图 4-19 渥拉斯顿棱镜偏离光学系统光轴和焦平面

用上述两种情况相加，就得到第三种情况的条纹位移量。对于用一块渥拉斯顿棱镜的偏光干涉系统，产生的条纹位移量为：

$$\frac{\Delta e}{e} = \frac{2\alpha (n_e - n_o)}{\lambda} \left[y(\Delta z / f_2) - \Delta y \right] = \frac{\theta}{\lambda} \left[y(\Delta z / f_2) - \Delta y \right] \tag{4-51}$$

对于用两块渥拉斯顿棱镜的偏光干涉系统，产生的条纹位移量为：

$$\frac{\Delta e}{e} = \frac{2\theta}{\lambda} \left[y(\Delta z / f_2) - \Delta y \right] \tag{4-52}$$

由此可知，后者比前者的干涉灵敏度提高一倍。

4. 偏光干涉的灵敏度

设定二维流场，在沿 z 方向上没有密度变化。在试验段中，两条对应光线分开的距离为 $(d = \theta \cdot f_2)$，在试验区中经过的流场有不同的密度 ρ_1，ρ_2（或折射率为 n_1，n_2）。若在 z 方向二维流场的宽度为 L，则两条光线在试验段中的光程差为 $\Delta l = L \cdot (n_1 - n_2)$，相应的相位差与各自的条纹位移量 $\Delta e / e$ 有关，则：

$$\frac{\Delta \Phi}{2\pi} = \frac{\Delta e}{e} = \frac{L}{\lambda} (n_2 - n_1) = \frac{\Delta l}{\lambda} \tag{4-53}$$

式中，e 是无扰动流场时的条纹间距，利用 G-D 公式，得到"有限条纹宽度"调整的条纹位移与密度变化之间的明显关系式——干涉图定量计算基本方程，有：

$$\frac{\Delta e}{e} = \frac{K_{GD} \cdot L}{\lambda} (\rho_2 - \rho_1) \tag{4-54}$$

偏光干涉系统的灵敏度与渥拉斯顿棱镜的最佳分离角 θ 有关，与光学系统焦距 f_2 有关，也就是与两光束分离距离 $d = \theta \cdot f_2$ 有关。根据式（4-54），能够分辨的最小密度梯度为：

$$\left(\frac{\partial \rho}{\partial x} \right)_{\min} \approx \left(\frac{\Delta \rho}{d} \right)_{\min} = \frac{\lambda}{K_{GD} \cdot L \cdot d} \left(\frac{\Delta e}{e} \right)_{\min} \tag{4-55}$$

最小密度分辨率为：

$$(\Delta\rho)_{\min} = \frac{\lambda}{K_{GD} \cdot L} \left(\frac{\Delta e}{e}\right)_{\min} \tag{4-56}$$

式中，$\dfrac{\Delta e}{e}$ 取决于眼睛能分辨的最小条纹位移，一般定为 $\left(\dfrac{\Delta e}{e}\right)_{\min} = 0.05$，其他相关参数必须合理选择。假定 $L = 100$ mm，$\lambda = 500$ nm，$K_{GD} = 0.227$ cm³/g，则能显示测量的最小密度脉动密度 $(\Delta\rho)_{\min} = 1.1 \times 10^{-6}$ g/cm³。

4.4.3　棱镜偏光干涉仪

剪切干涉仪，顾名思义就是把通过被测流场的波面用适当的光学系统分裂成两个，并使两波面彼此相互错开（剪切），在两波面重叠部分产生干涉图形的仪器。

在一般的剪切干涉中，波面的相对剪切都较小，而棱镜偏光干涉仪可以有大的剪切，在某些情况下，其可以代替 M-Z 干涉仪。当然小剪切干涉仪也有优点，对振动不敏感，使用方便。

棱镜偏光干涉仪可以在双反射镜平行光纹影仪上改装。光学系统布置如图 4-20（a）所示。在原来狭缝（8）和刀口（9）的位置更换成渥拉斯顿分光棱镜。其中包括一个半波片和两个偏振片，如图 4-21（b）所示。在干涉仪光路中，光源（4）是脉冲时间为 30 ns 的多模红宝石激光器，经过扩束镜（5）、光阑（6）、聚光镜（7），光束被聚焦在分光棱镜（8）上，经过平行光管光学系统（1）、（2）以后，光束又被聚焦在第二个分光棱镜（9）上，再由半透反射镜（10）分光，在记录底片（11）上成像。用望远镜（12）观察，实现精确调整。波面相对剪切可调整到 65 mm，第一块棱镜内分离的光线在第二块棱镜中复合。

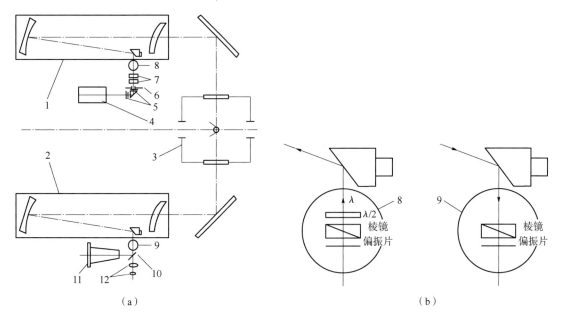

（a）　　　　　　　　　　　　（b）

图 4-20　偏光剪刀干涉仪及其组件

（a）偏光剪切干涉仪光学系统图 （b）包括偏振片和渥拉斯顿棱镜的组件（8）和（9）

半波片：一定厚度的双折射晶体（如云母），当法向入射的光透过时，寻常光（o 光）

和非寻常光（e 光）之间的相位差等于 π 或其奇数倍，也称为二分之一波片。

　　当某一平面偏振光穿过半波片时，出射光仍为平面偏振光，只不过偏振光的振动面旋转了一定角度 2θ，并且此旋转角的大小只取决于入射光振动平面与晶体光轴间的夹角 θ。这样通过调整半波片的光轴方向，就可以任意旋转出射偏振光的偏振方向，如图 4-21 所示，图中箭头为半波片光轴方向。

　　调整干涉仪到无限宽条纹，两个焦平面必须光学共轭，光束分离棱镜要在系统的焦点上。调整干涉仪到有限条纹时，棱镜沿光轴移动，两个棱镜离开初始位置的距离应该相同。对入射光源一端的棱镜，在两个垂直的方向上微动倾斜，对着观察方向的棱镜可以看到一些条纹，直到确定条纹宽度变化的要求后，停止前者的微动倾斜。第一块棱镜的作用是改善光源的光学相干条件。如果在试验段中流场有密度变化，则在干涉图上将产生一个可见的相位差。利用在狭缝位置的第一个偏振镜，调整两条光线的振幅，使其大体相同，即偏振方向与第二偏振镜的方向平行或垂直，以便得到高反差干涉。图 4-22 是小球在 Ma = 2 的流场中形成的有限宽条纹偏光干涉图，小球直径为 30 mm。

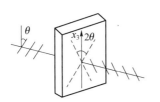

图 4-21　光线通过半波片

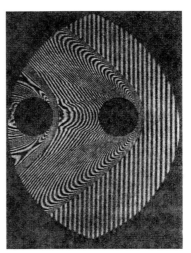

图 4-22　小球流场的有限宽条纹偏光干涉图

4.5　光栅剪切干涉仪

　　光栅剪切干涉仪的光学系统如同前述偏光剪切干涉仪的光学系统一样，只是在纹影光学系统的狭缝和刀口位置用光栅板代替，就构成了光栅剪切干涉仪，是从隔栅方法发展而来的。利用衍射光栅剪切干涉，可得到无限宽条纹干涉图和有限宽条纹干涉图。光栅剪切干涉系统如图 4-23 所示，其基本原理是通过光栅衍射，产生衍射光 0 级、±1 级、±2 级等衍射条纹，只考虑光强较大的±1 级，略去高级次。通过光栅得到的 0，+1，-1 级的三个极大级次，光线通过试验段后，利用第二个光栅使它们叠加，产生剪切干涉。光栅分光的衍射角度 θ_m（m 级衍射）与光栅常数 d 及光线相对于光栅平面的入射角 α 有关，有：

$$\theta_m = \sin^{-1}\left(\frac{m\lambda}{d} + \sin \alpha\right) \qquad (4\text{-}57)$$

　　在系统中，两个光栅分别设置在两个纹影镜的焦平面上。当光源 S 被聚焦在第一光栅

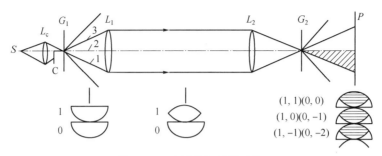

图 4-23 光栅剪切干涉系统

G_1 上，用光阑 C 挡去一半，经过光栅以后，就分成 m 级衍射光，取 0 级光线通过第一纹影镜下半部，取 1 级光线通过第一纹影镜上半部。这两束光在经过第一纹影镜之后，成为平行光，通过流场后，经过第二纹影镜聚焦在第二光栅 G_2 上，即得到光源的像，经第二光栅衍射又分成两路，即由 0 级光和 1 级光经过第二光栅产生衍射光，则有 $(1, 0)$，$(1, 1)$，$(1, -1)$ 等多级衍射光和 $(0, 0)$，$(0, -1)$，$(0, -2)$ 等多级衍射光。为了达到干涉的目的，两路光束必须是相干光。因此，对整个光学系统有要求，光栅系数 d 应相等，$\theta_{m=1}$ 都相同，这个角度与光学系统的焦距和口径有关。用每毫米 75~100 对线的光栅，可以达到 100 mm 的剪切，比渥拉斯顿棱镜偏光剪切量（65 mm）更大些，而且可以得到高反差密集的条纹，如图 4-24 所示，图中（a）为无限宽条纹干涉图，（b）为有限宽条纹干涉图。这两种方法最好是用单色光，可以得到较好的条纹反差。

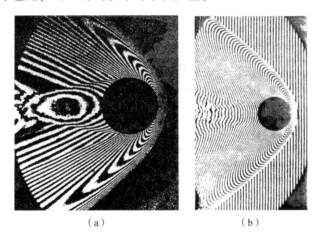

（a）　　　　　　　　　　　（b）

图 4-24 光栅剪切干涉图

（a）无限宽条纹干涉图；（b）有限宽条纹干涉图

第 5 章
纹影技术在气体燃烧流场测试中的应用

5.1 层流火焰传播及其火焰速度

层流火焰速度也称燃烧速度、火焰速度，为未燃气体相对于无拉伸平面火焰的运动速度，用 s_u^0 或 s_L 表示，是可燃气体混合物的基本燃烧特性参数，广泛用于燃烧机理研究、燃烧系统设计、工业生产燃爆安全评估等。

在火焰传播过程中，火焰会发生弯曲，产生火焰拉伸，用火焰拉伸率表示。火焰拉伸率为火焰面积的增加率，用 k 表示：

$$k = \frac{1}{A} \cdot \frac{\mathrm{d}A}{\mathrm{d}t} \tag{5-1}$$

对于球形火焰，则：

$$A = 4\pi r^2 \qquad k = \frac{2}{r} \cdot \frac{\mathrm{d}r}{\mathrm{d}t} \tag{5-2}$$

5.2 层流火焰速度测量方法

预混层流火焰速度是一个重要的基础参数，人们花费了大量的精力来确定它。确定层流火焰速度的一个主要困难在于很少能实现平面、静止和绝热火焰。通常，火焰上游流动是不均匀的，同时火焰也在传播和（或）弯曲。因此，我们通常讨论瞬时局部火焰速度 s_u，不一定是 s_u^0。因此，对于无火焰结构本生火焰无限小的火焰段，我们可以绘制一条瞬时流动线，如图 5-1 所示。图中上游未燃烧混合物以速度 u_u 和角度 α_u 接近火焰锋面。通过火焰后，气流被折射，燃烧产物以速度 u_b 和角度 α_b 离开火焰。因此，如果我们假设在穿过火焰时，在法向上保持质量通量的连续性，而在切向上保持速度的连续性，那么，层流火焰速度可以定义为 u_u 的法向分量，指向未燃气体方向。

火焰速度测量的另一个困难是火焰锋面的定义以及如何确定火焰锋面。几何上，由于火焰本身具有有限的厚度和结构，确定用于 s_u 测试的预热区上游边界或用于 s_b 测试的反应区下游边界变得非常不确定。如果火焰是弯曲的，则存在确定局部切向平面带来的不确定性。火焰面特征参数的选择也会产生不确定性。最显而易见的是等温面和等密度面。对于后者，照片记录的火焰厚度和结构也取决于所使用的光学方法，无论是阴影法、纹影法，还是干涉法，使用激光诊断时，某些关键自由基（如 CH 和 OH）的等浓度面也可作为火焰特征面。

火焰速度的测量一般采用由上游气流保持的固定燃烧器火焰，或在开放和封闭空间中的传播火焰。下面，我们将讨论几种通用和准确的火焰速度测试技术。

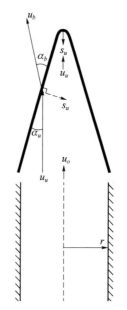

图 5-1　本生火焰瞬时准平面火焰段的上游和下游层流火焰速度的定义

5.2.1　本生火焰法

在该方法中，预混气体沿圆形或二维管道向上流动，并在离开管道后燃烧。如果管足够长且横截面积恒定，则出口处的速度分布为抛物线。这意味着火焰表面的倾斜角沿火焰变化，因此必须弯曲。火焰曲率及其厚度变化使得精确确定局部倾斜角变得困难，从而难以确定局部燃烧速度。

可以使用平均法确定 s_u，这里假设 s_u 在总面积为 A_f 的火焰表面上是恒定的。因此，如果气体的质量流率为 $\dot{m}$，则从质量守恒我们得到 $\dot{m} = \rho_u s_u A_f$，或

$$s_u = \frac{\dot{m}}{\rho_u A_f} \tag{5-3}$$

其中，火焰面积 A_f 可以由拍摄的火焰锋面图片确定。这种方法多用于火焰速度的粗略估计。s_u 的更精确测量可以通过空气动力学仿形喷嘴实现，该喷嘴提供了均匀的出口速度分布，则可以在火焰的肩部区域上获得近似直的火焰锥。因此，如果测得喷嘴出口处的速度为 u_o，半锥角 $\alpha = \alpha_u$，则火焰速度由下式给出：

$$s_u = u_o \sin \alpha_u \tag{5-4}$$

沿火焰段的局部火焰速度可通过在气体混合物中加入细陶瓷颗粒作为示踪粒子并使用激光多普勒测速仪、粒子图像测速仪或简单的间歇照明测量粒子速度来确定，由拍摄的粒子轨迹给出流线的速度和方向。图 5-2 所示为通过间歇照明确定的天然气和空气混合物火焰的火焰速度。可以看出，s_u 在大部分火焰锥上是常数。在半径较大处，火焰靠近燃烧器出口，由于燃烧器边缘的热损失，s_u 减小。由于燃烧器边缘相对于火焰非常冷，因此，火焰和边缘之间总是有一个"死"区。在火焰锥直线段，火焰为无拉伸火焰，$s_u \approx s_u^0$。进一步可以看

出，在较小半径处的火焰尖端，s_u 明显增加。这种增加是可以预期的，因为火焰尖端不是尖锥的顶点，而是圆弧的。因此，中心线处的 $\alpha = \pi/2$，使得 $s_u \equiv u_o$。这里的微妙之处在于，虽然我们预期 s_u 仅是混合物热化学性质的函数，因此只要离燃烧器边缘足够远，就应独立于火焰表面的位置，但火焰尖端的行为清楚地表明情况并非如此。从机理上说，虽然肩部区域的火焰段可以自由调整其倾斜角度 α_u，以适应 u_o 的变化，但对于给定 s_u^0 的混合物，在尖端没有这种灵活性。因此，那里的火焰结构必须定性地偏离我们所了解的平面预混火焰。在这种情况下，火焰弯曲通过拉率对火焰结构和燃烧速度产生强烈影响。在本生火焰尖端，$k<0$，正是由于拉伸率 k 的变化，使得火焰顶端处 $s_u>s_u^0$。

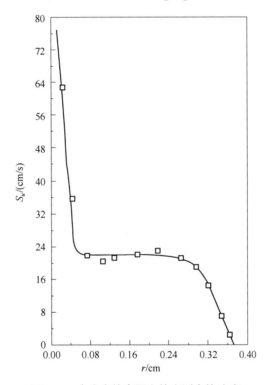

图 5-2　本生火焰表面上的实测火焰速度

值得注意的是，在上述讨论中，我们使用 s_u 而不是 s_u^0 来表示火焰速度，以便区分此处的火焰结构不符合绝热一维平面情况的事实。

5.2.2　平面和一维火焰法

使用本生火焰的一个主要困难是识别火焰表面，该表面是自由流，可以通过使用平焰燃烧器来避免这种情况，如图 5-3 所示。在点火后，调节混合物流速，以产生垂直于上游流动方向的平焰。通过在燃烧器周围通入惰性保护气体，可使环境影响最小化。这里给出了一个定义明确的火焰面积，混合物的体积流速除以该面积，就是层流燃烧速度。

该方法中，火焰向燃烧器的热传递是火焰在燃烧器上稳定的机制，因此相对于自由流的焰，该平面火焰本质上是非绝热的。预热区从燃烧器表面开始，因此，火焰在燃烧器表面具有有限的温度梯度，表明存在热传递。因此，根据自由流特性，该方法确定的燃烧速度低于

s_u^0。通过增加流动放热率来减少热损失，但可能导致火焰表面的严重变形。

可通过冷却多孔塞来控制热损失率。因此，通过连续改变混合物流速，并调节冷却速度以获得平坦火焰，可以通过将冷却速度外推至零来估计无热损失的燃烧速度，如图 5-4 所示。

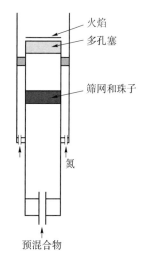

图 5-3　典型平焰燃烧器示意图

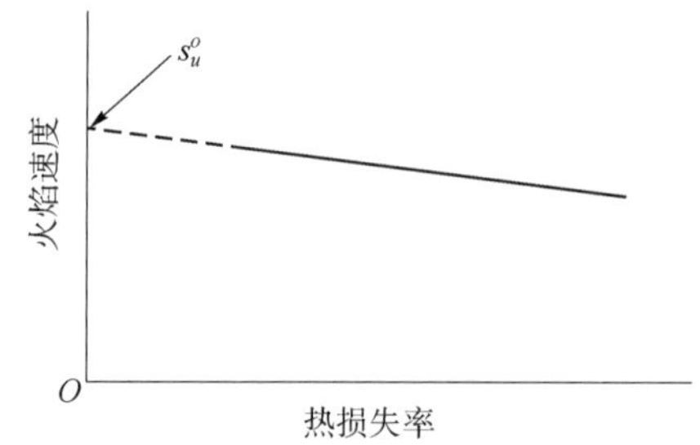

图 5-4　使用平焰燃烧器火焰通过线性外推至零热损失确定层流火焰速度 s_u^0

平面火焰燃烧器方法已扩展到一维燃烧器，其中可燃物以给定的质量流率 $\dot{m}$ 从多孔管或半径为 R 的球体中喷出（图 5-5）。对于质量流率 $\dot{m} < \dot{m}^0 = f^0 A_s$，其中 A_s 是燃烧器的表面积，$f^0 = \rho_u s_u^0$，喷出的质量通量小于绝热平面火焰的质量通量，并且火焰通过燃烧器的热损失在燃烧器表面上稳定。然而，当 $\dot{m} > \dot{m}^0$ 时，火焰从燃烧器表面分离，随后通过发散流稳定，而没有燃烧器的热量损失。忽略火焰曲率对火焰燃烧强度的影响，由 $m = f^0 A_f$ 的稳定要求和测得的火焰半径 r_f、火焰表面积 A_f 可由式（5-3）求出层流火焰速度。该方法相当简单，主要缺点是火焰需要圆柱形或球形对称，这要求在无浮力环境中进行实验。

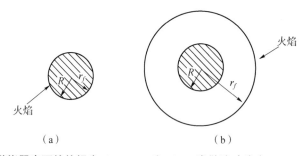

（a）　　　　　　　　　　　　　（b）

图 5-5　通过（a）燃烧器表面的热损失（$r_f \approx R$）和（b）发散流动稳定（$r_f > R$）的圆柱形/球形火焰

5.2.3　向外传播球形火焰法

测量火焰速度和马克斯坦（Markstein）长度的另一种方法是球形火焰法。在容器中给静止的预混气体中心点火（图 5-6）会产生半径为 $r(t)$ 的球形火焰，可用于测量火焰速度和拉伸率。由于燃烧产物在实验室坐标内是静止的，测量到的火焰半径增加率 $\dfrac{\mathrm{d}r_f}{\mathrm{d}t}$ 可作为燃烧状态的火焰速度 s_b。注意到，我们这是用的是 s_b，表示火焰相对于已燃（burned）气体的速度，在本生火焰法和平面火焰法中，我们得到的是火焰相对未燃（unburned）气体的速度，用 s_u 表示。在驻定火焰中，可以在任何地方测量流速，以计算火焰速度和拉伸率。对于球形传播火焰，这是不可能的，所有火焰信息必须仅从稳定火球的 $r(t)$ 数据中推导。

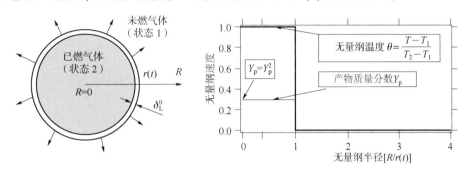

图 5-6　球形火焰

测量火焰速度更为复杂，因为气流和火焰都在移动。根据 $r(t)$ 推断流量和火焰速度需要假设。大多数学者默认的一级精度模型忽略火焰厚度 δ_L^0。在此假设下，可以导出火焰和流动速度。首先，写出反应产物质量分数 Y_p 的守恒方程，得到消耗速度 s_c 和球半径 $r(t)$ 之间的关系：

$$\frac{\partial \rho Y_P}{\partial t} + \frac{\partial}{\partial x_i}\left[\rho\left(u_i + V_{P,i}\right)Y_P\right] = \dot{\omega}_P \tag{5-5}$$

式中，下标 $i = 1,2,3$ 表示 x，y，z 坐标轴方向；下标 P 表示产物；u 表示流体速度；ρ 表示流体密度；Y 表示质量分数；V 表示扩散速度；$\dot{\omega}$ 表示生成率。

在球坐标中，从 $r=0$ 到 $r=\infty$ 对上式积分，得到产物总质量 Mp 的方程：

$$\frac{\mathrm{d}M_P}{\mathrm{d}t} = \frac{\mathrm{d}}{\mathrm{d}t}\int_0^\infty \rho Y_P \mathrm{d}V = \int_0^\infty \dot{\omega}_P \mathrm{d}V \tag{5-6}$$

因为在 $r=0$ 和 $r=\infty$ 处，产物的扩散和对流通量为零。如果假设火焰薄且呈完美球形，则式（5-6）中右侧的反应速率项与消耗火焰速度直接相关：

$$\int_0^\infty \dot{\omega}_P \mathrm{d}V = 4\pi r(t)^2 \int_0^\infty \dot{\omega}_P \mathrm{d}r = 4\pi r(t)^2 \rho_1 s_c Y_P^2 \tag{5-7}$$

其中 Y_P^2 是完全燃烧气体中的产物质量分数（图 5-6）。另外，式（5-6）中产物的总质量 M_p 为：

$$M_P = \int_0^\infty \rho Y_P \mathrm{d}V = \rho_2 Y_P^2 \frac{4\pi}{3} r(t)^3 \tag{5-8}$$

将式（5-8）和式（5-7）代入式（5-6），得到 s_c 为 $r(t)$ 的函数：

$$s_c = \frac{\rho_2}{\rho_1}\frac{\mathrm{d}}{\mathrm{d}t}r(t) \tag{5-9}$$

式（5-9）用于从 $r(t)$ 的测量中获得火焰速度。然而，对于有限火焰厚度，这个方程并不成立，并且在考虑有限火焰厚度时引入的所有修正对火焰速度的确定有直接影响，并对马克斯坦长度的确定有剧烈影响。此外，对于这个问题，在实践中应用式（5-9）中产生了多个问题：

● 球形火焰始终处于拉伸状态：为了获得无拉伸火焰速度s_u^0，必须建立火焰速度和拉伸率k之间的关系模型。该模型通常由式（5-10）给出的线性方程给出：

$$\frac{s_c}{s_u^0} = 1 - \frac{L_a^c}{s_u^0}k \tag{5-10}$$

通常的方法是在给出火焰速度与拉伸率的曲线上拟合得到s_u^0和马克斯坦长度L_a^c。例如，图5-7所示为数值计算得到的当量比为0.6和3.0的氢-空气混合物的火焰速度。这些混合物的有效刘易斯数$Le\left(Le = \frac{\lambda}{\rho C_p D} = \frac{\alpha}{D}\right)$，$\rho$，$C_p$，$\lambda$，$D$分别为密度，比热，导热系数和质量扩散系数，$\alpha$为热扩散系数。分别小于和大于1。可以看出，下游火焰速度s_b可以通过拉伸显著地改变，其与拉伸率近似线性变化，并且对于贫燃和富燃混合物，变化趋势相反。这是刘易斯数Le偏离1的结果。式（5-10）可以写为：

$$\frac{s_c}{s_u^0} = 1 - M_a^c \frac{k\delta}{s_u^0} \tag{5-10a}$$

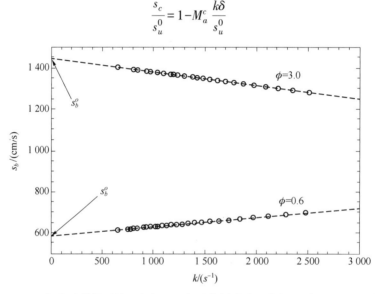

图5-7 数值计算得到的1大气压下向外传播的贫和富氢-空气火焰的下游火焰速度，通过线性外推至零拉伸率确定层流火焰速度

式中，$\delta = \frac{\lambda}{\rho C_p s_u^0}$为火焰厚度，$M_a^c = \frac{L_a^c}{\delta}$为火焰消耗速度的马克斯坦数，$k_a = \frac{k\delta}{s_u^0}$是Karlovitz数，当它等于1时，出现熄火效应，因此式（5-10a）在$k_a = \frac{k\delta}{s_u^0} \ll 1$时成立。对于贫燃单步反应火焰，其消耗速度的马克斯坦数可以表示为：

$$M_a^c = \frac{L_a^c}{\delta} = \frac{1}{2}\beta(Le - 1)\frac{T_1}{T_2 - T_1}\int_0^{\frac{T_2-T_1}{T_1}}\frac{\ln(1 + x)}{x}dx \tag{5-10b}$$

式中，$\beta = \frac{(T_2 - T_1)T_a}{T_2^2}$；$T_a = E_a/R$为燃烧反应的活化温度；$E_a$为活化能；$T$为温度；下标1，2分别表示未燃端和已燃端。对于$Le<1$，马克斯坦长度$L_a^c<0$，随着拉伸率的增加，火焰速度增加，增加的火焰速度会导致更大的火焰拉伸率，火焰不稳定。对于$Le>1$，马克斯坦长度$L_a^c>0$，随着拉伸率的增加，火焰速度降低，降低的火焰速度会导致火焰拉伸率减小，火焰稳定。

拉伸火焰速度随拉伸率线性变化允许将这些拉伸火焰速度 s_b 外推至零拉伸率，由此无拉伸火焰速度为 s_b^0，进而获得火焰相对于未燃烧状态的无拉伸火焰速度 $s_u^0 = s_b^0 (\rho_b / \rho_u)$，式中 ρ_u 和 ρ_b 分别为未燃端和已燃端密度。

使用该方法获得的结果的准确性取决于所用的火焰速度与拉伸率关系模型。许多最近的研究表明，式 (5-10) 不再适用，基于非线性关系的方法更为精确。这些关系没给出相对于未燃气体的火焰速度，而是给出了相对于已燃气体的火焰速度（此处称为 s_b）。因此，研究者还提供了相对于燃烧产物的马克斯坦长度（称为 L_b）。这类非线性关系的简化表达式为：

$$\frac{s_b}{s_b^0} \ln\left(\frac{s_b}{s_b^0}\right) = -2 \frac{L_b}{r(t)} \quad \text{或} \quad \left(\frac{s_b}{s_b^0}\right)^2 \ln\left(\frac{s_b}{s_b^0}\right)^2 = -2 \frac{L_b k}{s_b^0} \tag{5-11}$$

式中，由于火焰拉伸率 k 是 $\dfrac{2}{r} \cdot \dfrac{\mathrm{d}r}{\mathrm{d}t} = \dfrac{2}{r} s_b$，这里使用相对于已燃气体的速度是有意义的，因为已燃气体是停滞的：s_b 等于 $\mathrm{d}r/\mathrm{d}t$。式 (5-11) 是获得 s_b^0 和 L_b 的一个很好的模型。然而，从 s_b^0 和 L_b 获得 s_u^0 和 L_a 要困难得多。在大多数情况下，人们简单假设 $s_u^0 = s_b^0 \dfrac{\rho_2}{\rho_1}$，$L_b$ 和 L_a 之间没有简单的关系。因此，测量球形火焰中的 L_a 是困难的。

● 不论火焰速度和拉伸率之间的关系是线性的还是非线性的，从 $r(t)$ 中获得火焰速度，都需要计算已燃气体和未燃气体的密度比 $\dfrac{\rho_b}{\rho_u}$。通常用平衡计算的方法得到已燃气体温度，但任何辐射热损失都会改变气体温度，从而改变气体密度。

● 点火阶段可能导致燃烧气体中 T 和 p 的分布不均匀，以及 $\dfrac{\rho_b}{\rho_u}$ 的值与平衡值不同，并且难以精确测定。因此，球形火焰实验的点火阶段不应用于火焰速度测量。

● 在大多数球形火焰实验中，火焰位于密闭容器内，因此火焰传播的最后阶段，受壁面影响压力上升，火焰传播特性改变，也不能用于火焰速度的测定。

● 最后，在高压和（或）$Le<1$ 火焰下，流体动力不稳定和（或）热扩散不稳定性出现，导致蜂窝状火焰，无法测量火焰速度。

球形火焰法的一种变体是肥皂泡法，将可燃混合物引入肥皂泡中，然后点燃。随着燃烧的进行，气泡自由膨胀，从而确保在开放大气中进行实验时的恒定压力。整个实验装置也可封闭在密封燃烧室内，用于低压或高压实验。这种方法的优点是，它只需要少量样品，因此特别适合于有毒、高爆炸性或稀有且昂贵的气体的实验。

理想情况下，最好直接成像火焰传播历程，从而得出火焰半径 $r_f(t)$ 和传播速率。然而，这种光学摄影对窗口的要求可能变得相当高，因为它们必须承受高的燃烧温度，特别是当初始压力较高时。

具有光学窗口的腔室通常较难设计，因此简单的实验设计没有窗口。对于这样的无窗实验装置，通过感测探针（如热电偶和电离探针）记录火焰传播。由于空间等压性，原则上只需安装两个间隔很近的探头，就可以获得等压传播火焰的速度。

下面介绍一种基于测量腔室内的压力历史 $p(t)$ 的火焰速度确定方法。这种方法适用于火焰已经增长到足够大的尺寸使得压力发生显著变化的情况。假设向外传播的球形火焰的未燃和已燃状态在空间上是均匀的，那么在任何时刻，都有整体质量守恒：

$$\frac{4\pi}{3}\left[\left(R^3-r_f^3\right)\rho_u+r_f^3\rho_b\right]=\frac{4\pi}{3}R^3\rho_{u,0} \tag{5-12}$$

式中，R 为球形容器半径；$\rho_{u,0}$ 为未燃气体初始状态密度；ρ_u、ρ_b 分别为 t 时刻未燃、已燃状态气体密度；r_f 为火球半径。如果我们进一步假设这些气体被膨胀的火焰球等熵压缩，那么：

$$\rho_u=\rho_{u,0}\left(p/p_0\right)^{1/\gamma} \tag{5-13}$$

$$\rho_b=\rho_{b,0}\left(p/p_0\right)^{1/\gamma} \tag{5-14}$$

其中，$p=p_u=p_b$。在等式（5-12）中应用式（5-13）和式（5-14），并定义 $\tilde{r}_f=r_f/R$ 和 $\tilde{p}=p/p_0$，有：

$$\left[1-\left(1-\frac{\rho_{b,0}}{\rho_{u,0}}\right)\tilde{r}_f^3\right]\tilde{p}^{1/\gamma}=1 \tag{5-15}$$

对式（5-15）进行微分，并令 $\mathrm{d}r_f/\mathrm{d}t=s_b$，可得：

$$\frac{s_b}{R}=\left[3\gamma\left(1-\frac{\rho_{b,0}}{\rho_{u,0}}\right)^{\frac{1}{3}}\tilde{p}^{\left(1+\frac{1}{\gamma}\right)}\left(1-\tilde{p}^{-1/\gamma}\right)^{2/3}\right]^{-1}\frac{\mathrm{d}\tilde{p}}{\mathrm{d}t} \tag{5-16}$$

系数 $\left(\dfrac{\rho_{b,0}}{\rho_{u,0}}\right)$ 可由能量守恒关系 $C_v(T_{b,0}-T_{u,0})=q_cY_0$ 给出，有：

$$\frac{\rho_{b,0}}{\rho_{u,0}}=1+\tilde{q} \tag{5-17}$$

其中，$\tilde{q}=(q_cY_0)/(C_vT_{u,0})$；$Y_0$ 是初始反应物质量分数；q_c 是燃料的燃烧热；C_v 为定容比热；$T_{u,0}$ 是未燃气体初始时刻温度。

式（5-16）表明，对于给定特征参数 γ，$\tilde{q}$ 和 p_0 的混合物，在球形容器中传播火焰的下游火焰速度 $s_b(t)$ 可以通过测量压力 $p(t)$ 来得到。

从概念上讲，这种方法非常有吸引力，因为在实验中可以很容易地获得压力历程。此外，在单次实验中，$s_b(t)$ 不仅可以作为混合物燃烧强度的函数，还可以作为瞬时混合物温度和压力的函数。该方法的主要缺点是，火焰未成像，因此无法知道是否由于浮力变形和（或）火焰表面上胞格的发展而违反了球对称光滑火焰表面的假设。

我们还注意到，下游状态的空间均匀假设是不正确的，因为在火焰传播期间，持续增加的上游温度和压力将导致下游温度的相应增加。因此，火焰下游存在温度梯度。

5.2.4　停滞火焰法

该方法通过将两个相同的喷嘴产生的可燃气流相互撞击来建立发散停滞流场（图5-8）。点火后，两个对称的平面火焰位于停滞表面的两侧。图5-9给出了法向速度分量 v 沿轴线的典型分布。可以看出，随着流动接近滞止面，在到达主预热区之前，速度线性下降，$v=ay$，这与滞止流的特性一致，其中 $a=\mathrm{d}v/\mathrm{d}y$ 是速度梯度。然而，当气流进入预热区域时，强烈的加热和由此产生的热膨胀逆转了下降趋势，并导致速度增加。最终，在几乎完全释放热量时，速度在接近停滞表面时再次降低。

根据这样的速度分布，我们可以确定速度梯度 a、最小速度点 $v_{\min}$，其可以近似地作为火焰稳定的预热区上游边界处的参考火焰速度（$s_{u,\mathrm{ref}}$），以及最大速度点 $v_{\max}$，其可以近似地作为反应区下游边界处的参考火焰速度（$s_{b,\text{ref}}$）。这些值也可以认为是在绝热条件下获得的，因为对称，喷嘴生成流的上游热损失小，而下游热损失也小。当然，总是存在少量的辐射热损失。

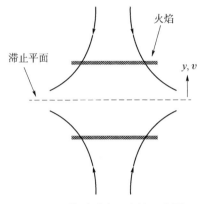

图 5-8　典型对冲双火焰示意图

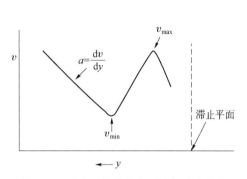

图 5-9　对冲双火焰中典型轴向速度分布

与传播的球形火焰类似，停滞火焰也被拉伸，但现在由非均匀流拉伸，其拉伸强度由速度梯度 a 表示。v_{min} 随 a 的曲线图表明，对于较小的 a 值，变化近似为线性，如图 5-10 所示。因此，通过将 v_{min} 外推至 a 为零，可以将 $a=0$ 时的 v_{min} 确定为 s_u^0，由于消除了热损失和流动不均匀性影响，因此在上游边界进行火焰传播速度评估。

高阶分析表明，对于小 a，变化是略微非线性的，可以通过增加喷嘴分离距离来减少这种不确定性，这样火焰可以更好地近似为表面。

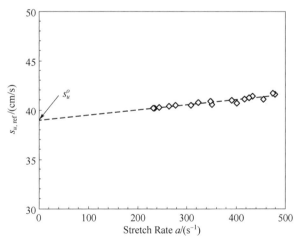

图 5-10　对冲双火焰法通过线性外推至零拉伸率确定层流火焰速度 s_u^0

5.3　火焰面稳定性

也许火焰动力学中最美丽和最迷人的现象之一是以特征尺寸的胞格和脊为特征的不稳定性火焰表面。这些非平面火焰模式，代表燃烧增强和减弱的交替区域，既可以是固定的，也可以是非固定的，在后一种情况下，它们也可以稳定或混乱地演化。

最早观察到的不稳定火焰是多面体火焰，表现为本生火焰上存在规则间隔的脊，其中不足反应物也是较轻的反应物。图 5-11 所示为在富丙烷-空气火焰中观察到的此类火焰的正面和俯视图。火焰图案由强烈燃烧火焰表面的花瓣组成，花瓣被脊状弱燃烧区域分隔开，花瓣向未燃烧混合物凸出。对于给定的管直径，脊的数量随着混合物浓度和流速的变化而变化。此外，多面体图案可以围绕其垂直轴旋转，旋转速度有时甚至可以超过混合物的层流火焰速度。然而，旋转似乎对顺时针或逆时针方向没有任何偏好。还可以注意到，当前 $Le<1$，Markstein 长度为负，火焰失稳，尖端燃烧特别弱。

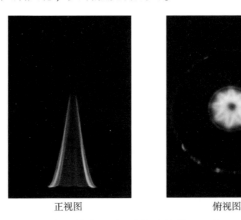

正视图　　　　　　　　　俯视图

图 5-11　多面体富丙烷-空气火焰的正面和平面摄影图像

火焰的固有胞格不稳定性有三种模式，即热-质扩散不稳定性、流体动力学不稳定性和浮力驱动不稳定性。我们将讨论这些不稳定性的机制和特征。

图 5-11 中的火焰图像清楚地表明了非均匀扩散对火焰皱纹产生的重要性。事实上，如果我们将最初的平面火焰扰动为一个由朝向未燃混合物凸凹段交替组成的火焰（图 5-12），那么，这些火焰段的后续演变可以用与本生火焰尖端强化或减弱相同的方式来考虑。具体来说，对于 $Le>1$ 火焰，由式（5-10b）马克斯坦长度 $La>0$，$s_u = s_u^0 - Lak$，凹面部分 $k<0$ 燃烧加剧，凸面部分 $k>0$ 燃烧减弱，导致火焰皱纹平滑。因此，这种火焰是胞格稳定的。相反，根据同样的推理，$Le<1$ 火焰在胞格上是不稳定的。当然，这一现象也可以根据不足和富裕组分的不同扩散率来解释，如果不足的是易流动组分（D_m 大），$Le<1$，火焰是扩散不稳定的。由于不稳定性是由火焰扩散结构的主动改变引起的，因此，胞格大小与火焰厚度的数量级相当。我们将这种不稳定模式称为非均匀扩散不稳定。

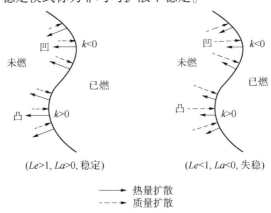

($Le>1$, $La>0$, 稳定)　　　　　　　($Le<1$, $La<0$, 失稳)

—— 热量扩散
---- 质量扩散

图 5-12　热-质扩散胞格不稳定性机制的示意图

　　流体动力不稳定性也称为朗道-达里厄斯不稳定性，是由火焰上的密度跳跃引起的。该机制（图5-13）认为无限薄的火焰面，将密度ρ_u的上游区域与密度ρ_b的下游区域分开。火焰表面以朗道模式传播，火焰速度恒定，可以视为层流火焰速度s_u^0。再次扰动火焰面，由于远离火焰的上游和下游缺乏扰动，其流道面积应保持不变。由于热膨胀，火焰面下游流速的法向分量大于上游流速的法向分量，以及上游和下游速度的切向分量应连续，流线必须分别在接近火焰的凸段和凹段时发散和收敛。因此，对于火焰的凸段，流管的加宽会导致流动速度减慢。然而，火焰速度未受影响，接近流和火焰的局部速度不再能够相互平衡，因此，导致该火焰段进一步推进到未燃烧混合物中。凹段的类似情况表明，它将进一步后退到燃烧混合物中。因此，这种不稳定的流体动力模式是绝对不稳定的。此外，由于讨论不涉及任何长度尺度，火焰对于所有波长的扰动都是不稳定的。

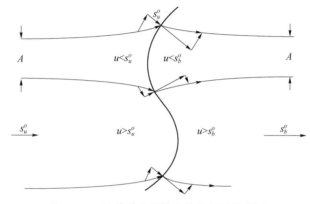

图 5-13　流体动力不稳定性机制的示意图

　　浮力驱动不稳定性，通常称为瑞利-泰勒不稳定性，发生在重力方向上具有负密度分层的流体。因此，向上传播的火焰在浮力上是不稳定的，因为密度更高的未燃烧混合物位于较轻的燃烧产物之上，而向下传播的火焰则相反。此外，由于加速火焰受到从未燃烧混合物指向燃烧产物的体力，因此，它也受到这种体力不稳定性模式的影响。

　　对流体动力和浮力驱动不稳定性的讨论是基于火焰无限薄的假设。在有限火焰厚度的情况下，刚才在热-质扩散不稳定性中提到的火焰弯曲稳定机制也必定有效，这为胞格提供了特征尺寸，从而为火焰厚度尺寸的扰动提供了稳定机制。因此，虽然热-质扩散胞格的尺寸预计为火焰厚度的数量级，但流体动力和浮力驱动胞格的尺寸较大，但最小尺寸仍为火焰厚度。因此，随着火焰厚度的减小，有利于流体动力和浮力驱动胞格不稳定的形成与发展。

　　图5-14所示为在5和20大气压下，贫和富氢-空气和丙烷-空气混合物球形火焰传播过程中的纹影图像。可以看出，在5大气压下，富氢火焰在向外传播时保持相当平滑，除了一些大的褶皱，而贫氢火焰在点火后迅速形成大量小规模褶皱。然而，丙烷火焰的行为完全相反，因为其贫丙烷火焰非常平滑，而富丙烷火焰即使在其传播的早期阶段也会出现大而小的褶皱。这些结果与理论预测一致，即贫和富氢-空气混合物的Le分别小于和大于1。

　　由图5-14还可看出，尽管富氢-空气和贫丙烷-空气火焰在5个大气压下稳定，但在20个大气压时会出现褶皱。这些火焰是扩散稳定的，所以起皱一定是由流体动力不稳定性引起的。因此，在5 atm条件下，火焰的稳定性是由于稳定的扩散热效应（$Le>1$）以及火焰足够厚，即弯曲拉伸效应稳定了无处不在的流体动力不稳定性。然而，随着压力的增加，火焰变得更薄，通过弯曲拉伸效应的稳定变得不那么有效。因此，当压力足够高时，火焰非常薄，流体动力不稳定效应大于扩散热和弯曲拉伸引起的稳定相效应，导致火焰失稳、起皱。

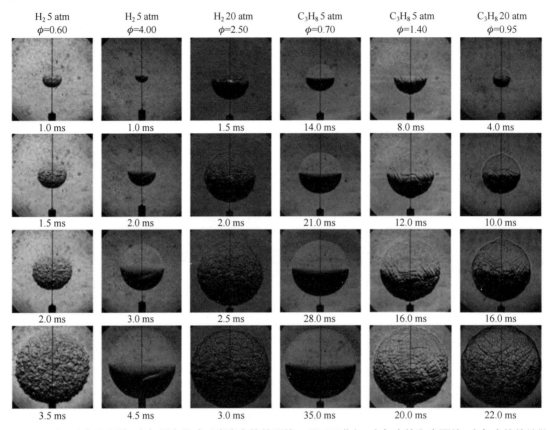

图5-14 氢-空气和丙烷-空气混合物球形膨胀火焰的照片，显示了贫氢-空气火焰和富丙烷-空气火焰的扩散热不稳定性，以及由于火焰厚度减小，高压下富氢-空气焰和贫丙烷-空气焰的流体动力不稳定性

流体动力不稳定性随着压力的增加而增强这一事实对分析和理解内燃机中的火焰形态和动力学具有重要意义。也就是说，除了湍流之外，火焰前缘的不稳定性也会使火焰起皱，从而对湍流火焰的燃烧速率产生重大影响。

5.4 向外传播球形火焰传播特性实验装置与实验方法

以氢气、氨气及其混合物为典型气体燃料、以氧气（或空气）为典型氧化剂的预混气体燃烧与火焰传播实验装置如图5-15所示。它由燃烧室、配气系统、点火装置、高速纹影摄影系统和控制单元组成。燃烧和火焰传播是在内径300 mm、长度350 mm、壁厚30 mm的圆柱形燃烧室中进行的，该燃烧室可以承受300 bar的内压。两个直径为200 mm的高强度石英窗安装在燃烧室的相对端面上，用于光学测量。燃烧室有安装接口，用于气体供给和排放阀、点火电极、压力计、压力传感器和热电偶的安装。配气系统由氢气瓶、氨气瓶、氧气（或空气）瓶、流量计、配气单元和真空泵组成。氢气、氨气和氧气（或空气）通过配气系统分别注入燃烧室。采用Z字形布局的高速纹影摄影系统记录火焰传播过程中的火焰前锋运动，它由光源、凸透镜、狭缝、平面镜和抛物面镜、刀口、高速数码相机和计算机组成。氢气、氨气及其混合燃料/氧气（或空气）混合物由电火花点火系统点火，该系统由点火装置和一对电极组成。目前使用的电点火能量范围为 1 mJ 至 100 mJ，取决于当量比和初始压力。通过监测电极间间隙的电压和通过电火花的电流，可以获得放电过程的持续时间。目前使用的电火花持续时间为 0.2~20 μs。通过监测通过电极间隙的电流和通过火花间隙的电压来评估电火花点火能量。压力和温度传感器的信号通过压力适配器和温度适配器进行放大，并通过数据采集系统进行记录。为了确保高速摄像机以最少的计算机存储量捕捉火焰传播的全过程，使用控制单元同步触发点火装置、数据采集系统和高速摄像机。在每次实验之前，对燃烧室进行抽真空，并根据指定当量比和初始压力下的相应分压，将氢气、氨气和氧气（或空气）依次引入燃烧室，形成燃料-空气混合物。静置一定时间，以确保充分混合。然后，混合物由位于中央的电极点燃。燃料/氧化剂混合物的点火、高速摄像机的触发和数据采集系统均由控制单元控制。燃烧完成后，燃烧室由通风系统进行冲洗，以避免残余气体对下一次实验产生任何影响。

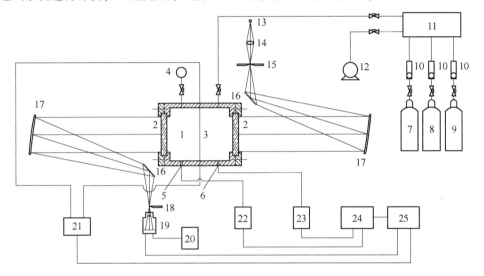

图 5-15　球形火焰传播特性实验装置示意图

1—燃烧室；2—石英窗；3—点火电极；4—压力计；5—压力传感器；6—热电偶；7—氢气瓶；8—氨气瓶；
9—氧气瓶（或空气瓶）；10—流量计；11—配气单元；12—真空泵；13—光源；14—凸透镜；15—狭缝；
16—平面镜；17—抛物面镜；18—刀口；19—高速数码相机；20—计算机；21—点火装置；
22—压力适配器；23—温度适配器；24—数据采集系统；25—控制单元

实验使用的燃料为氢气（H_2）、氨气（NH_3），氧化剂为氧气（O_2）、空气（Air），当量比定义为实际的燃料、氧化剂质量比和理论的燃料、氧化剂质量比的比值：

$$\phi = \frac{F/O}{(F/O)_{st}} \tag{5-18}$$

式中，F/O 为实验中燃料气体与氧化剂的质量比，$(F/O)_{st}$ 为理论条件下完全反应燃料与氧化剂质量比。对于由氢气和氨气组成的复合燃料，我们定义燃料配比 x 为：

$$x = \frac{V_{H_2}}{V_{NH_3}} \tag{5-19}$$

式中，V_{H_2} 和 V_{NH_3} 分别表示混合燃料中氢气和氨气的体积。

不同当量比条件下单一燃料/空气混合物化学反应方程式表示为：

$$\phi \geq 1, H_2 + \frac{1}{2\phi}(O_2 + 3.762N_2) = \frac{1}{\phi}H_2O + \frac{1.881}{\phi}N_2 + \left(1 - \frac{1}{\phi}\right)H_2 \tag{5-20}$$

$$NH_3 + \frac{3}{4\phi}(O_2 + 3.762N_2) = \frac{3}{2\phi}H_2O + \frac{13.286}{4\phi}N_2 + \left(1 - \frac{1}{\phi}\right)NH_3$$

$$\phi < 1, H_2 + \frac{1}{2\phi}(O_2 + 3.762N_2) = H_2O + \frac{1.881}{\phi}N_2 + \left(\frac{1}{\phi} - 1\right)\frac{1}{2}O_2 \tag{5-21}$$

$$NH_3 + \frac{3}{4\phi}(O_2 + 3.762N_2) = \frac{3}{2}H_2O + \frac{2\phi + 11.286}{4\phi}N_2 + \left(\frac{1}{\phi} - 1\right)\frac{3}{4}O_2$$

不同当量比条件下单一燃料/氧气混合物化学反应方程式表示为：

$$\phi \geq 1, H_2 + \frac{1}{2\phi}O_2 = \frac{1}{\phi}H_2O + \left(1 - \frac{1}{\phi}\right)H_2 \tag{5-22}$$

$$NH_3 + \frac{3}{4\phi}O_2 = \frac{3}{2\phi}H_2O + \left(1 - \frac{1}{\phi}\right)NH_3$$

$$\phi < 1, H_2 + \frac{1}{2\phi}O_2 = H_2O + \left(\frac{1}{\phi} - 1\right)\frac{1}{2}O_2 \tag{5-23}$$

$$NH_3 + \frac{3}{4\phi}O_2 = \frac{3}{2}H_2O + \left(\frac{1}{\phi} - 1\right)\frac{3}{4}O_2$$

不同当量比下氢气/氨气复合燃料/空气混合物化学反应方程式表示为：

$$\phi \geq 1, NH_3 + xH_2 + \frac{2x+3}{4\phi}(O_2 + 3.762N_2) = \frac{2x+3}{2\phi}H_2O + \frac{7.524x + 13.286}{4\phi}N_2 + \left(1 - \frac{1}{\phi}\right)(NH_3 + xH_2) \tag{5-24}$$

$$\phi < 1, NH_3 + xH_2 + \frac{2x+3}{4\phi}(O_2 + 3.762N_2) = \frac{2x+3}{2}H_2O + \frac{7.524x + 2\phi + 11.286}{4\phi}N_2 + \left(\frac{1}{\phi} - 1\right)\frac{2x+3}{4}O_2 \tag{5-25}$$

不同当量比条件下氢气/氨气复合燃料/氧气混合物化学反应方程式表示为：

$$\phi \geq 1, NH_3 + xH_2 + \frac{2x+3}{4\phi}O_2 = \frac{2x+3}{2\phi}H_2O + \left(1 - \frac{1}{\phi}\right)(NH_3 + xH_2) \tag{5-26}$$

$$\phi < 1, NH_3 + xH_2 + \frac{2x+3}{4\phi}O_2 = \frac{2x+3}{2}H_2O + \left(\frac{1}{\phi} - 1\right)\frac{2x+3}{4}O_2 \tag{5-27}$$

5.5 火焰传播过程分析与火焰传播参数确定方法

球形火焰是一种典型的拉伸火焰，拉伸率 k（定义为火焰表面积的变化率）可以用式（5-1）计算。对于如图 5-16 中所示的向外传播的球形火焰，产物的质量守恒可以表示为：

$$\frac{d}{dt}\int_0^\infty \rho Y_P dV = \int_0^\infty \omega_P dV \tag{5-28}$$

式中，ρ 是气体混合物的密度；Y_P 是产物的质量分数；ω_P 是产物的生成率。假设火焰很薄，式（5-28）右端的反应项可以通过以下公式表示：

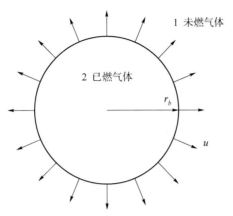

图 5-16　与向外传播的球形火焰速度 s_c 相关联

$$\int_0^\infty \omega_P dV = 4\pi r_b(t)^2 \rho_u s_c Y_P^2 \tag{5-29}$$

其中，下标 u 表示未燃侧状态；s_c 为火焰消耗速度；上标 2 表示燃烧侧状态。另外，式（5-28）中的右端项是燃烧产物总质量 M 的导数。燃烧产物总质量 M 可以表示为：

$$\int_0^\infty \rho Y_P dV = \rho_b Y_P^2 \frac{4}{3}\pi r_b(t)^3 \tag{5-30}$$

其中，下标 b 表示已燃侧状态。由式（5-29）和式（5-30），式（5-28）可以表示为：

$$s_c = \frac{\rho_b}{\rho_u} \cdot \frac{\mathrm{d}}{\mathrm{d}t} r_b(t) \tag{5-31}$$

也就是说，可以使用火焰传播历史 $r_b(t)$ 来计算火焰消耗速度。

在向外传播的球形火焰的传播过程中，火焰前方的新鲜气体被推出。如果 $R < r_b(t)$，$u(r) = 0$，已燃气体静止。如果 $R > r_b(t)$，可以通过写出 $r = 0$ 和给定位置 R 之间的连续性方程来计算气体速度 $u(R)$。半径为 R 的球形空间中总质量变化率等于火球推向外侧的新鲜气体的质量流率：

$$\frac{\mathrm{d}}{\mathrm{d}t}\left(\frac{4}{3}\pi\rho_2 r_b(t)^3 + \frac{4}{3}\pi\rho_1(R^3 - r_b(t))^3\right) = -4\pi R^2 \rho_1 u(R) \tag{5-32}$$

或

$$u(R) = \left(\frac{r_b(t)}{R}\right)^2\left(1 - \frac{\rho_2}{\rho_1}\right)\frac{\mathrm{d}}{\mathrm{d}t}r_b(t) \tag{5-33}$$

火焰前沿 $[R = r_b(t)]$ 气体速度可以表示为：

$$u[r_b(t)] = \left(1 - \frac{\rho_b}{\rho_u}\right)\frac{\mathrm{d}}{\mathrm{d}t}r_b(t) \tag{5-34}$$

位移速度 s_d 定义为火焰前沿相对于流体的速度 $s_d = s_a - u$。其中，s_a 是火焰的绝对速度，这里 $s_a = \frac{\mathrm{d}}{\mathrm{d}t}r_b(t)$，则有：

$$s_d = \frac{\rho_b}{\rho_u} \cdot \frac{\mathrm{d}}{\mathrm{d}t}r_b(t) = s_c = s_u \tag{5-35}$$

也就是说，火焰前沿的位移速度等于消耗速度。研究表明，在小拉伸率和火焰曲率的条件下，位移速度和消耗速度与火焰拉伸率 k 呈线性关系

$$s_d = s_c = s_u^0 - L_d k \tag{5-36}$$

式中，L_d 是未燃烧气体的马克斯坦长度；s_u^0 是层流火焰速度，定义为层流火焰中未拉伸火焰相对于新鲜气体的速度。式（5-31）或（5-35）是通过使用向外传播的球形火焰的半径历程得到火焰位移速度的公式，将位移速度与拉伸率 k 进行线性拟合，如式（5-36）所示，即可得到层流火焰速度和马克斯坦长度。应注意，用于层流火焰参数评估的纹影图像应为稳定层流火焰的图像，也就是说，火焰应该具有稳定的结构和光滑的表面。

利用式（5-36）计算层流燃烧速度的方法一般被称为线性外推方法，该方法较为简单，被广泛用于滞止火焰法和球形扩展火焰法的层流燃烧速度测定。但是后来越来越多的研究证实：火焰速度与拉伸率之间本质上是一种非线性的关系，特别是在高拉伸率和强非平衡扩散情况下。学者们提出了一种非线性外推方法来估算无拉伸火焰传播速度，如式（5-37）所示。

$$\frac{s_u}{s_u^0}\ln\left(\frac{s_u}{s_u^0}\right) = -2\frac{L_u}{r(t)} \quad \text{或} \quad \left(\frac{s_u}{s_u^0}\right)^2 \ln\left(\frac{s_u}{s_u^0}\right)^2 = -2\frac{L_u k}{s_u^0} \tag{5-37}$$

式（5-37）可表示为：

$$k = C_1 (s_u)^2 - C_2 (s_u)^2 \ln (s_u)^2 \tag{5-38}$$

其中，

$$C_1 = \frac{\ln s_u^0}{L_u s_u^0}, C_2 = \frac{1}{2L_u s_u^0} \tag{5-39}$$

利用式（5-38）对由式（5-35）获得的拉伸火焰传播速度 s_u 和由式（5-1）获得的拉伸率 k 进行拟合，可以得到常数 C_1，C_2。层流燃烧速度和马克斯坦长度可以由以下公式得到：

$$s_u^0 = e^{C_1/2C_2}, L_u = \frac{1}{2C_2 e^{C_1/2C_2}} \tag{5-40}$$

利用线性和非线性外推方法对氢气/空气混合物实验数据进行分析，其拟合曲线如图 5-17 所示。对于拟合曲线斜率为正的实验数据，拉伸火焰传播速度随拉伸率的增加而逐渐增大，火焰趋于失稳，此时线性拟合曲线和非线性拟合曲线的差异较大，如图 5-17（a）所示。对于拟合曲线斜率为负的实验数据，拉伸火焰传播速度随拉伸率的增加而逐渐减小，火焰较为稳定，此时线性拟合曲线和非线性拟合曲线的差异较小，如图 5-17（b）所示。通过线性外推方法获得的氢气/空气混合物层流燃烧速度要高于通过非线性外推方法获得的层流燃烧速度，不稳定氢气/空气混合物火焰利用两种外推方法获得的层流燃烧速度差异更大，建议采用非线性外推模型。

利用非线性方法推导层流燃烧速度，比线性方法具有更高的准确性，研究表明，早期通过线性外推方法得到的层流燃烧速度存在较大的误差，这很可能是燃烧反应模型发展较慢的

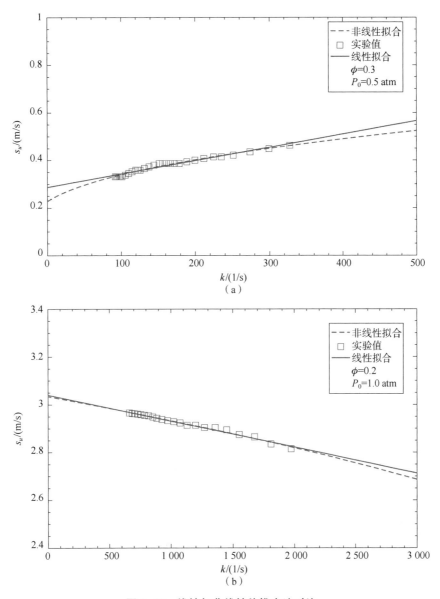

图 5-17　线性与非线性外推方法对比

主要原因。本书采用更为准确的非线性外推方法来获得层流火焰速度，需要注意的是，用于非线性外推的数据必须位于层流燃烧阶段。

如上所述，当拉伸速率为零时，位移速度等于层流火焰速度。层流火焰速度也可以通过测量或计算平面火焰的位移速度来获得。目前，采用一维平面预混层流火焰模型，通过 Chemkin 程序求解边界条件问题，可以计算层流火焰速度。对于向外传播的球形火焰，火焰不稳定性通常伴有火焰表面上特征尺寸的胞格形式发生。球面火焰失稳的最小半径称为临界半径（Rcr），用 Peclet 数（$Pecr$）表示，$Pecr$ 定义为临界半径与火焰厚度的比值（δ），即 $Pecr=Rcr/\delta$。

热-质扩散不稳定性是由自火焰前沿到未燃气体的热传导和未燃反应物向火焰扩散的竞争效应造成的。刘易斯数（Le）定义为混合物的热扩散系数与反应物的质量扩散系数之比。当 Le 小于或等于某个临界值 Le_{cr} 时，在火焰传播的初始阶段，可以观察到热-质扩散不稳定性。另外，由于热-质扩散机制，Le 大于 1 的混合物是稳定的。朗道-达里厄斯流体动力不稳定性是火焰与流体动力扰动相互作用的结果。当热膨胀比增大，火焰厚度减小时，这种不稳定性增强。浮力驱动的不稳定性称为瑞利-泰勒不稳定性，发生于在重力等体力方向上具有负密度分层的流体。火焰的拉伸效应会影响火焰的稳定性。研究发现，曲率和拉伸效应可以增强火焰的稳定性。在球形火焰的最初阶段，胞格不稳定性受到与小火焰半径相关联的强拉伸的抑制。研究发现，对于由热-质扩散机制引起的固有不稳定球形火焰，在球形火焰传播的初始阶段，火焰表面是光滑和稳定的，这是因为球形火焰具有显著的拉伸稳定效应。

5.6 火焰传播过程影响因素及原始数据有效性分析

层流燃烧速度的测试要求在稳定、无拉伸、绝热和等压条件下进行，球形扩展火焰法满足近似的绝热和等压条件，燃烧室中心点火后，火焰传播在短时间内可以近似认为是绝热和等压的，拉伸的影响可以通过一定的外推方法消除。因此，我们主要考虑的是选取稳定的层流燃烧阶段来进行有效数据提取。

研究发现，燃烧室内可燃气体混合物火焰传播过程主要分为两种传播模式，一种是稳定火焰传播过程，一种是失稳火焰传播过程。图 5-18（a）给出了一组典型稳定火焰传播纹影图像，点火电极在燃烧室中心形成明亮的高温火核，加热点燃其内均匀静置的混合气体，形成向四周传播的球形火焰，火焰表面始终保持光滑。

图 5-18（b）和（c）所示为火焰传播速度随火焰半径 r 和拉伸率 k 的变化情况，由图可知，在火焰传播初期，由于火花能量的影响，点火瞬间会形成一个较大的火焰速度，随着火焰的传播，火花能量的影响逐渐衰减，火焰速度减小。存在临界半径 $R_{ignition}$，当火焰传播距离大于 $R_{ignition}$ 后，点火能量的影响消失，开始形成稳定的层流燃烧过程，火焰继续传播，到半径 $R_{confinement}$ 后，由于壁面的约束作用，火焰速度开始下降。因此，可以将火焰传播过程分为三个阶段：点火影响阶段、火焰自由传播阶段和壁面影响阶段，在计算层流燃烧速度时，所用到的有效实验数据应该位于火焰自由传播阶段，有效半径应处于 $R_{ignition}$ 和 $R_{confinement}$ 之间。

对于失稳火焰传播过程，随着火焰的传播，火焰表面会观察到裂纹和褶皱，且不断增加，最终形成清晰可见的胞格状结构。图 5-19（a）给出了一组典型失稳火焰传播图像，从图像可以看出火焰传播初期，燃烧波表面光滑，当火焰传播到一定距离后，燃烧波表面开始出现褶皱并快速增加，最终形成胞格状结构。图 5-19（b）和（c）分别显示了火焰传播速度随火焰半径 r 和拉伸率 k 的变化情况，从图中可以看出，与稳定火焰传播过程相同，在点火时刻，会形成一个较大的火焰速度，随着火焰的传播，火焰速度迅速降低，当火焰传播到半径 $R_{ignition}$ 之后，点火能量的影响消失，形成稳定的火焰自由传播过程，但是在火焰继续传播到一定半径 R_{cr} 后，火焰传播速度骤然增大，这是由于火焰失稳导致的，R_{cr} 即为临界失稳半径，当火焰传播距离大于 R_{cr} 时，火焰开始失稳，速度明显增加，不再保持层流燃烧状态。失稳火焰传播过程主要分为点火影响阶段、火焰自由传播阶段和火焰失稳阶段，用于层流燃烧速度计算的数据应该位于 $R_{ignition}$ 和 R_{cr} 之间的火焰自由传播阶段。

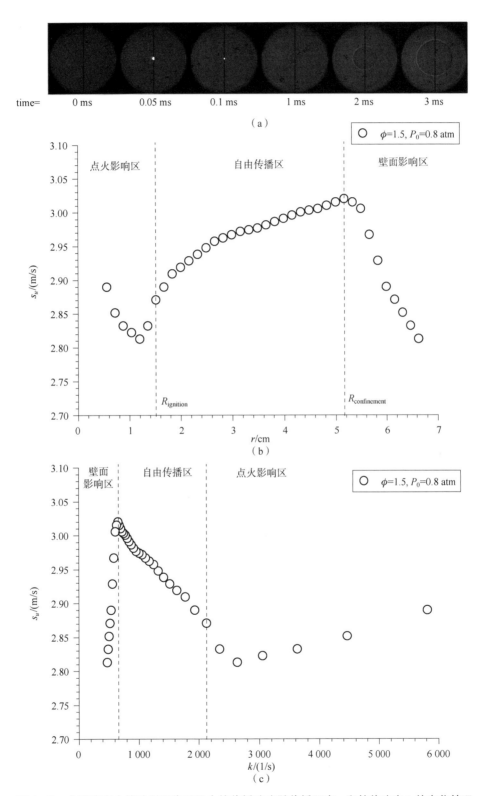

图 5-18　典型稳定火焰纹影图像以及火焰传播速度随传播距离 *r* 和拉伸速率 *k* 的变化情况

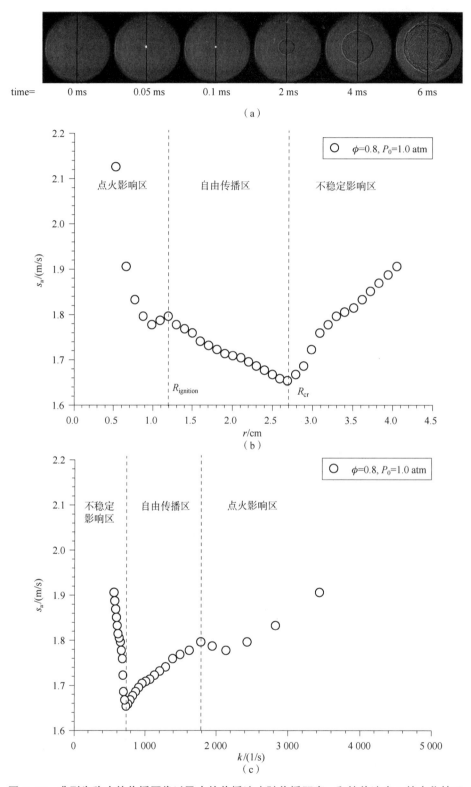

图 5-19 典型失稳火焰传播图像以及火焰传播速度随传播距离 r 和拉伸速率 k 的变化情况

研究表明，点火能量对火焰传播的影响主要表现在火焰传播的早期阶段，当火焰传播到临界距离 R_{inition} 后，点火能量的影响消失，用于外推层流燃烧速度的数据应位于 R_{ignition} 之后。有的学者认为，当火焰半径大于 6 mm 时，火焰传播不受点火能量影响，但实验研究发现，火焰传播过程中点火能量的影响范围要根据实际燃料和点火条件决定。壁面约束对火焰传播的影响主要体现在火焰临近燃烧室壁面时，当火焰传播到临界距离 $R_{\text{confinement}}$ 之后，火焰速度受到燃烧室壁面的约束而降低，用于外推层流燃烧速度的数据应位于 $R_{\text{confinement}}$ 之前。本研究采用的燃烧室直径为 300 mm，观察窗直径为 200 mm，可以得到足够多的数据用于层流燃烧速度计算。此外，火焰在传播过程中受到不稳定因素的影响可能会失去稳定性，不再保持层流燃烧状态，此时的实验数据同样不能用于层流燃烧速度计算。综上所述，有效实验数据应取于稳定层流燃烧阶段，有效火焰半径应满足 $R_{\text{ignition}}<r<\min\left(R_{\text{confinement}},R_{\text{cr}}\right)$。

利用层流火焰速度 s_u^0，可以用下式计算火焰厚度 $\delta=\dfrac{\lambda}{\rho C_p s_u^0}$ 进行火焰稳定性分析。

5.7　氢气/空气火焰传播过程及特性参数测试研究

5.7.1　火焰传播过程分析

火焰传播过程分析是层流燃烧速度研究的前提，下面对球形火焰传播过程及其影响因素和规律进行分析。

（1）当量比对火焰传播过程的影响

图 5-20 所示为常压下氢气/空气混合物在不同当量比时火焰传播的纹影图像，零时刻为点火时刻。从图中可以看出，电极放电之后，形成明亮的高温核，点燃燃烧室中心的预混可燃气体，随着时间的增长，火焰呈近似球形向四周传播。随着当量比从 0.5 增加到 1.5，

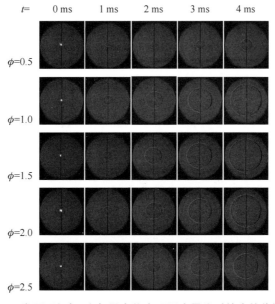

图 5-20　常压下氢气/空气混合物在不同当量比时的火焰传播过程

火焰在相同时刻内（4 ms）内传播的距离明显增加，说明火焰传播速度增大；随着当量比进一步增大为 2.5，火焰在 4 ms 内传播的距离减少，说明火焰传播速度减小。因此，随着当量比的增加，火焰传播速度先增大后减小，在 $\phi = 1.5$ 时取得极大值。

通过火焰传播纹影图像，可以得到不同时刻的火焰前锋面位置，图 5-21 所示为氢气/空气混合物在不同当量比时火焰半径与时间的关系。从图中可以看出，在当量比为 0.5 时，火焰传播至半径 6 cm 经历了大约 9.9 ms，火焰半径随时间的增长速度明显低于其他当量比；在当量比为 1.5 时，火焰传播至半径 6 cm 处仅用了 3.5 ms，火焰半径随时间的增长速度最快，说明火焰传播速度最大；在当量比大于 1.5 时，随着当量比的增大，火焰半径随时间的增长速度减慢，说明火焰传播速度降低。

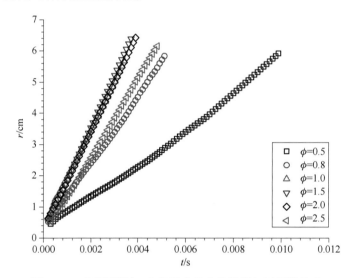

图 5-21　常压下氢气/空气混合物火焰半径与时间的关系

将火焰半径对时间求导可以获得已燃气体的拉伸火焰传播速度 s_b，图 5-22 给出了拉伸火焰传播速度与火焰半径的关系。从图中可以看出，在火焰传播的初期，点火能量会造成一

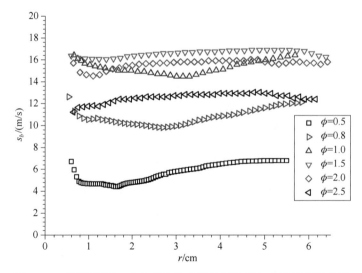

图 5-22　常压下氢气/空气混合物火焰传播速度与火焰半径的关系

定的影响，在点火时刻会形成一个较高的火焰速度，随着火焰的传播，点火能量的影响很快消失，开始形成稳定的层流燃烧过程。在当量比为 1.5、2.0 和 2.5 时，火焰在发展到较大的半径后，火焰传播速度明显下降，这是燃烧室壁面的约束作用造成的。在当量比为 0.5、0.8 和 1.0 时，火焰在发展到一定半径后，火焰传播速度开始上升，这是火焰失稳导致的，此时在火焰纹影图像上可以观察到裂纹和褶皱，火焰不再保持层流燃烧状态。

（2）初始压力对火焰传播过程的影响

图 5-23 给出了在理论当量比条件下，氢气/空气混合物在不同初始压力时火焰传播的纹影图像。从图中可以看出，在初始压力为 0.5 atm 时，火焰传播最慢。随着初始压力从 0.5 atm 增大到 1.0 atm，火焰在相同时间内传播的距离增加，说明火焰传播加速。在正压条件下，初始压力对火焰传播轨迹的影响并不明显。

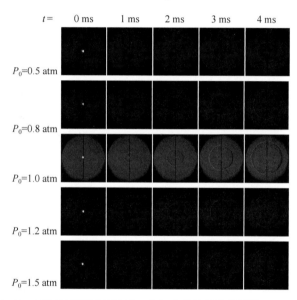

图 5-23　不同初始压力下氢气/空气火焰传播纹影图像（$\phi=1.0$）

图 5-24 给出了理论当量比下氢气/空气混合物在不同初始压力时火焰半径与时间的关系。由图可知，在初始压力为 0.5 atm 时，火焰半径随时间的增长速度最慢，此时火焰传播至半径 6 cm 处耗时约 6 ms；随着初始压力的增大，火焰传播至 6 cm 处所用时间缩短，在初始压力为 1.0 atm 时耗时最短，大约为 3.6 ms，此时火焰传播速度最大；随着初始压力进一步增大为 1.2 atm，火焰传播 6 cm 所用时间略微增多；在初始压力为 1.5 atm 时，火焰半径随时间的增长曲线与初始压力为 1.2 atm 时十分接近，说明火焰传播速度变化有限。

图 5-25 给出了理论当量比时的氢气/空气混合物在不同初始压力下已燃气体拉伸火焰传播速度与火焰半径的关系。由图可知，在初始压力为 0.5 atm 时，火焰传播速度最小；随着初始压力增加到 1.0 atm，S_b-r 曲线上移，说明火焰传播速度增大；在初始压力大于 1.0 atm 时，随着初始压力的增大，火焰传播速度的变化并不明显。在初始压力为 1.0 atm、1.2 atm 和 1.5 atm 时，火焰在发展到一定半径后都观察到了火焰加速现象，并且初始压力越大，火焰加速现象越明显。

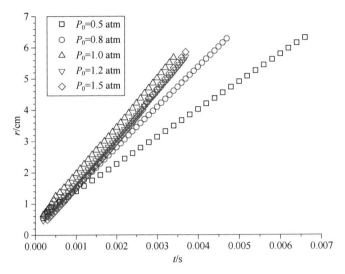

图 5-24　氢气/空气混合物火焰半径与时间的关系（$\phi=1.0$）

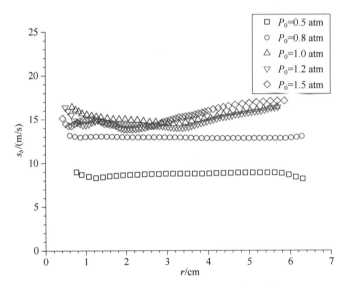

图 5-25　氢气/空气混合物火焰传播速度与火焰半径的关系（$\phi=1.0$）

5.7.2　火焰传播速度随拉伸率的变化规律

　　球形火焰在膨胀过程中，会受到火焰拉伸的作用，由拉伸率的定义可知，随着火焰的传播，火焰半径逐渐增加，拉伸率逐渐降低。用于层流火焰速度计算的实验数据必须位于层流燃烧阶段，图 5-26 给出了不同初始条件（当量比和初始压力）下，氢气/空气混合物层流燃烧阶段的球形火焰传播速度（火焰面相对于未燃气体的速度）与拉伸率 k 的关系，并对二者之间的非线性关系进行了拟合。

　　图 5-26（a）为初始压力为 0.5 atm 时，球形火焰传播速度与拉伸率之间的关系。由图可知，在当量比为 0.3 和 0.5 时，球形火焰传播速度随着拉伸率的增加而逐渐增大；而对于当量比为 1.0、1.5 和 2.0 的氢气/空气混合物，球形火焰传播速度随着拉伸率的增加而逐渐降低。

图 5-26（b）为初始压力为 0.8 atm 时，球形火焰传播速度随拉伸率的变化规律。由图可知，在当量比为 0.3、0.5 和 1.0 时，球形火焰传播速度随着拉伸率的增加而增大；在当量比为 1.5 和 2.0 时，球形火焰传播速度随着拉伸率的增加而降低。对比图 5-26（a）和图 5-26（b）可以发现，从初始压力 0.5 atm 增大到 0.8 atm 时，理论当量比时（$\phi=1.0$）的氢气/空气混合物球形火焰传播速度随拉伸率的变化趋势发生了改变。

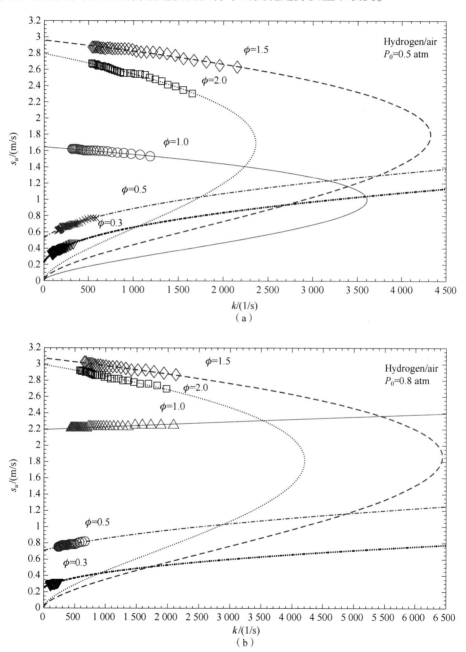

图 5-26　氢气/空气混合物球形火焰传播速度与拉伸率的关系

图 5-26（c）和图 5-26（d）为初始压力为 1.0 atm 时，氢气/空气混合物球形火焰传播速度与拉伸率的关系。由图可知，在当量比为 0.3、0.5、0.8、1.0 和 1.2 时，随着火焰传播过程中拉伸率的增加，球形火焰传播速度逐渐增大；在当量比为 1.5、2.0 和 2.5 时，球形火焰传播速度随着拉伸率的增加而逐渐减小。

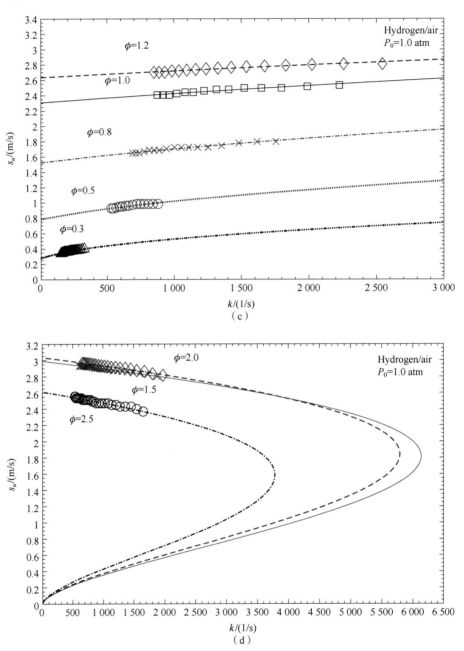

图 5-26 氢气/空气混合物球形火焰传播速度与拉伸率的关系（续）

图 5-26（e）和图 5-26（f）分别为初始压力为 1.2 atm 和 1.5 atm 时，氢气/空气混合物球形火焰传播速度与拉伸率的关系。由图可知，在不同当量比条件下，随着火焰拉伸率的增加，球形火焰传播速度均呈现出增大的趋势，且当量比越小，增大趋势越明显。

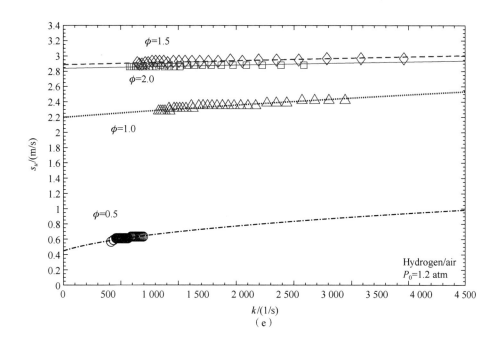

（e）

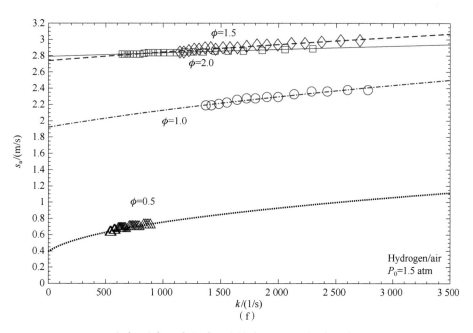

（f）

图 5-26　氢气/空气混合物球形火焰传播速度与拉伸率的关系（续）

5.7.3　初始条件对层流燃烧速度的影响规律

层流燃烧速度（s_L 或 s_u^0）是指零拉伸时火焰面相对于未燃混合气体的速度，可根据球形火焰传播速度 s_u 与拉伸率之间的非线性关系，结合 5.5 节中详细介绍的非线性外推方法得到。本节对氢气/空气混合物在不同当量比（0.3～2.5）和初始压力（0.2～2 atm）条件下的层流燃烧速度进行了研究。

（1）当量比对层流燃烧速度的影响规律分析

图 5-27 给出了不同初始压力下氢气/空气混合物在不同当量比时的层流燃烧速度，并将实验结果与前人研究进行了对比，结果表明具有较好的一致性。由图可知，在不同初始压力条件下，随着当量比的增加，氢气/空气混合物层流燃烧速度变化趋势一致，均为先增加后减小，最大层流燃烧速度位于富燃料一侧（$1.5 \leqslant \phi \leqslant 2.0$），这是由绝热火焰温度和燃料扩散性决定的。以初始压力为 1.0 atm 为例，随着当量比从 0.3 增大到 1.5，层流燃烧速度从 0.253 m/s 增至 2.989 m/s，而当量比大于 2.0 后，层流燃烧速度开始逐渐减小。

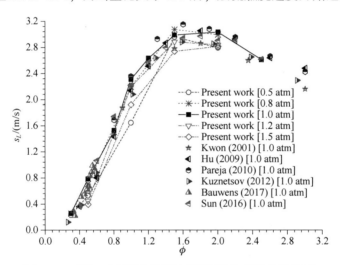

图 5-27　氢气/空气混合物层流燃烧速度与当量比的关系

在实验测试的基础上，对氢气/空气混合物的层流燃烧速度进行数值模拟研究，研究所用机理为 GRI-Mesh 3.0 和 USC-Mesh Ⅱ，GRI-Mesh 3.0 包含 53 种物质、325 步基元反应，主要用于天然气火焰的研究，也可以用于 H_2/Air 火焰的模拟。USC-Mesh Ⅱ包含 111 种物质、784 步基元反应，主要用于氢气以及低碳氢燃料火焰的研究。常压下，氢气/空气混合物层流燃烧速度的实验结果和模拟结果如图 5-28 所示。由图可知，GRI-Mesh 3.0 和 USC-Mesh Ⅱ很好地预测了富燃料情况下的层流燃烧速度，偏差在 5% 以内，但在高贫燃区域（$\phi \leqslant 0.5$），两种模型都低估了氢气/空气混合物的层流燃烧速度。

（2）初始压力对层流燃烧速度的影响规律分析

不同当量比条件下的氢气/空气混合物层流燃烧速度随初始压力的变化情况如图 5-29 所示。由图可知，对于当量比为 0.3 的氢气/空气混合物，初始压力对层流燃烧速度的影响不明显；对于当量比为 0.5、1.0、1.5 和 2.0 的氢气/空气混合物，其层流燃烧速度随着初始压力的增加呈现先增后减的趋势，最大层流燃烧速度出现在 0.8～1.0 atm 的压力范围内。

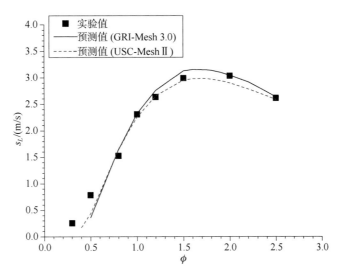

图 5-28　常压下氢气/空气混合物层流燃烧速度的实验值与理论预测值

在较低的初始压力下，氢燃料的体积浓度低，当氢燃料的体积浓度低于临界值时，火焰将减弱并淬火，因此，当初始压力低于临界值时，氢气/空气混合物层流燃烧速度随着初始压力的降低而逐渐减小。在高压范围内时，Law 等人研究了初始压力范围从 1 atm 到 100 atm 下的层流燃烧速度变化规律，发现层流燃烧速度随着初始压力的增加而减小，与本实验得到的结果一致。

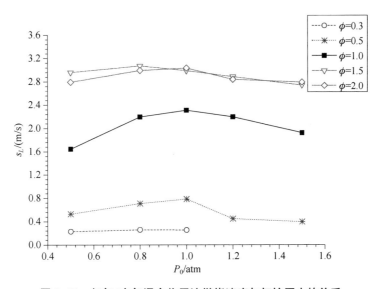

图 5-29　氢气/空气混合物层流燃烧速度与初始压力的关系

5.7.4　火焰传播稳定性分析

火焰的内在不稳定因素包括热-质扩散不稳定性、流体动力学不稳定性和体积力不稳定性三个方面。热-质扩散不稳定性主要是由于火焰前锋面附近质量扩散强于热量扩散引起的。热-质扩散不稳定性通常用刘易斯数（*Le*）来进行表征，刘易斯数定义为热扩散系数和质量扩散系数的比值：

$$Le = \frac{\alpha}{D} = \frac{\lambda}{\rho C_p D} \qquad (5-41)$$

式中，α 和 D 分别为热扩散系数和质量扩散系数；λ 和 C_p 分别是热导率和定压比热。当刘易斯数小于 1 时，质量扩散强于热量扩散，火焰前锋向未燃气体凸起的部分将获得更多的新鲜可燃混气，且由于热量不能及时扩散出去，造成局部温度升高，反应更加剧烈，火焰传播加速，凸起的部分会得到增强，火焰表面褶皱增加，不稳定性增强；当刘易斯数大于 1 时，热量扩散强于质量扩散，火焰前锋向未燃气体凸起的部分会因为热量散失较快而受到抑制，火焰趋于稳定，如图 5-12 所示。

对于具有单一燃料反应物的可燃混合物的刘易斯数，目前有着明确的定义方法，在计算刘易斯数时，混合物的质量扩散系数通常采用不足反应物在其余组分中的等效质量扩散系数。关于双组分燃料的有效刘易斯数计算方法尚不统一，目前主要有三种不同的计算方法：

①基于热释放：

$$Le_H = 1 + \frac{q_1(Le_1-1) + q_2(Le_2-1)}{q_1 + q_2} \qquad (5-42)$$

②基于体积：

$$Le_V = x_1 Le_1 + x_2 Le_2 \qquad (5-43)$$

③基于扩散：

$$Le_D = \frac{\alpha}{x_1 D_1 + x_2 D_2} \qquad (5-44)$$

其中，q_i 表示组分 i 的无量纲放热，定义为燃料组分 i 的放热占混合物放热的比例；x_i 表示组分 i 的体积分数；D_i 表示组分 i 的等效质量扩散系数。

流体动力学不稳定性又称朗道-达里厄斯不稳定性。流体动力学不稳定性是由于热膨胀作用造成火焰锋面前后密度突变引起的，火焰在传播过程中一直受到流体动力学不稳定性的影响，火焰传播初期，火焰半径较小时拉伸率较大，对火焰稳定作用较大，火焰受热膨胀作用的影响并不明显，随着火焰不断传播，拉伸率逐渐减小，稳定作用减弱，火焰面积的增加不能及时扩展出去，就会在火焰表面形成褶皱，并不断分裂、增加，发展成胞格状结构，加速火焰传播，导致火焰失稳。流体动力学不稳定性可以用火焰厚度来表征。关于火焰厚度的定义并不统一，但是火焰厚度的总体变化趋势是一致的。为了便于计算，火焰厚度定义为火焰的热扩散厚度：

$$\delta = \frac{\alpha}{s_u^0} = \frac{\lambda}{\rho C_p s_u^0} \qquad (5-45)$$

式中，δ 为火焰厚度。火焰厚度越小，火焰弯曲对火焰的拉伸稳定效应越小，曲率对火焰的稳定作用越弱，流体动力学不稳定性影响越大。

体积力不稳定性又称瑞利-泰勒不稳定性。体积力不稳定性是指由于已燃气体密度低于其上方未燃气体的密度，在重力诱导的浮力作用下火焰逐渐向上飘移的不稳定性现象。体积力不稳定性通常发生在燃烧极限附近，此时火焰传播速度较慢，浮力对火焰传播过程有明显的影响。事实上，只有在火焰速度小于 10 cm/s 的极限燃烧（处于可燃上限或可燃下限）的情况下，才对层流火焰形状有明显的影响。

（1）当量比的影响

首先研究了当量比对氢气/空气混合物火焰稳定性的影响，火焰表面结构和形状是火焰稳定性的直观表现，图 5-30 给出了常压下氢气/空气混合物在不同当量比时的火焰图像。由图可知，不同当量比下的氢气/空气混合物在点火后，火焰均以点火源为中心呈近似球形向四周扩展。在当量比为 0.3 和 0.5 时，火焰表面形成十分明显的胞格状结构，当量比为 0.3 时，胞格状结构更明显；当量比为 1.0 时，火焰表面粗糙程度减弱，在火焰半径 4 cm 时出现明显的裂纹，在火焰半径 6 cm 时裂纹规模增大，但还没有形成明显的胞格状结构；当量比为 1.2 时，在火焰半径 6 cm 时才观察到较为明显的裂纹，裂纹数量相比于当量比 1.0 时大幅度减少；当量比为 1.5 和 2.0 时，火焰表面较为光滑，只有一些由于点火扰动形成的裂纹，这些裂纹并不随火焰的扩展而分裂增加。可以发现，随着当量比的增大，氢气/空气混合物火焰表面光滑程度不断增强。

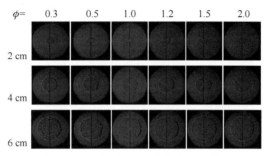

图 5-30　不同当量比下氢气/空气混合物火焰图像（$P_0 = 1.0$ atm）

显然，氢气/空气混合物火焰传播过程中的不稳定现象表现为火焰表面裂纹结构的出现和加剧，这是热-质扩散不稳定性和流体动力学不稳定性共同作用的结果。图 5-31 所示为不同初始压力下氢气/空气混合物热-质扩散不稳定性表征参数刘易斯数与当量比的关系，由图可知，刘易斯数主要受当量比的影响，初始压力的影响非常有限。氢气/空气混合物在贫燃时，Le 小于 1，质量扩散强于热量扩散，热-质扩散不利于火焰稳定。富燃时，Le 大于 1，

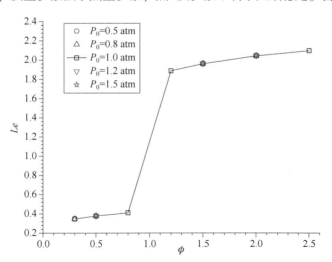

图 5-31　不同初始压力下氢气/空气混合物刘易斯数与当量比的关系

热量扩散强于质量扩散，热-质扩散因素对火焰起稳定作用。因此，热-质扩散不稳定性对氢气/空气混合物火焰稳定性的影响主要体现在贫燃条件下，且当量比越小，刘易斯数越低，热-质扩散不稳定性越强。

图 5-32 给出了不同初始压力下氢气/空气混合物流体动力学不稳定性表征参数火焰厚度与当量比的关系，由图可知，在常压下，随着当量比从 0.3 增加到 1.5，火焰厚度从 0.122 mm 逐渐减小到 0.018 mm，随着当量比进一步增加，火焰厚度开始逐渐增大，但增大趋势并不明显，当量比从 1.5 增加到 2.5，火焰厚度从 0.018 mm 增加为 0.025 mm。对于不同初始压力条件下的氢气/空气混合物，随着当量比的增加，氢气/空气混合物火焰厚度均呈现出先快速减小后逐渐增大的趋势，最低值出现在偏向于富燃一侧（$\phi = 1.5$），此时流体动力学不稳定性对氢气/空气火焰稳定性的影响最大。流体动力学不稳定性对氢气/空气火焰稳定性的影响主要集中在富燃区域，贫燃时的氢气/空气混合物火焰厚度较大，流体动力学不稳定性较弱。

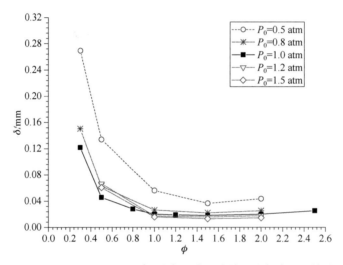

图 5-32　不同初始压力下氢气/空气混合物火焰厚度与当量比的关系

火焰不稳定性影响的综合效应可以用马克斯坦长度来表征，图 5-33 给出了不同初始压力下的氢气/空气混合物火焰的马克斯坦长度（L_u）与当量比的关系，由图可知，不同初始压力条件下的氢气/空气混合物马克斯坦长度均随着当量比的增加而逐渐增加，在贫燃条件下，马克斯坦长度主要为负值，此时火焰传播速度随着拉伸率的增加而增大，当火焰锋面出现突起时，突起的部分将得到增强，火焰易于失稳；随着当量比的增加，马克斯坦长度逐渐增大，由负值转变为正值，此时火焰传播速度随着拉伸率的增加而减小，火焰的不稳定现象将得到抑制，火焰趋于稳定。

对于不稳定火焰，在传播到某一半径后，火焰传播速度会由于火焰的失稳而骤然增加，这一半径我们称为临界失稳半径（R_{cr}）。临界失稳半径是衡量火焰整体稳定性的另一个重要参数，可以反映火焰失去稳定性的难易程度，临界失稳半径越小，代表着火焰在传播过程中越容易失去稳定，说明火焰稳定性越差。图 5-34 所示为不同初始压力下的氢气/空气混合物临界火焰失稳半径与当量比的关系，可以发现，随着氢气/空气混合物当量比的增加，临界失稳半径越来越大，说明火焰稳定性逐渐增强，在当量比增加到一定值时，火焰保持稳定传播，此时不再存在临界失稳半径。因此，随着当量比的增加，马克斯坦长度和临界失稳半径都呈现出增长的趋势，说明火焰整体稳定性增强，这与从火焰表面结构得到的结果是一致的。

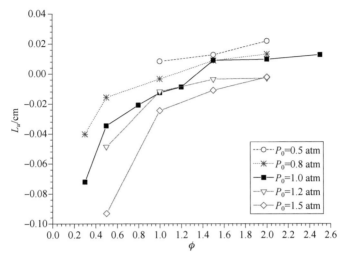

图 5-33 不同初始压力下氢气/空气混合物火焰马克斯坦长度与当量比的关系

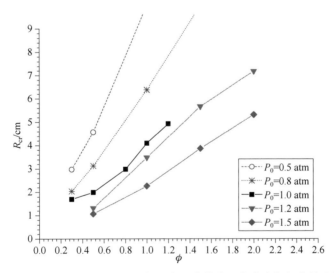

图 5-34 不同初始压力下氢气/空气混合物火焰临界失稳半径与当量比的关系

通过对火焰表面结构和火焰稳定性表征参数的研究发现，热-质扩散不稳定性和流体动力学不稳定性共同作用影响着氢气/空气混合物的火焰稳定性，在贫燃条件下，热-质扩散不稳定性对火焰稳定性的影响占主导地位，随着当量比的增加，热-质扩散不稳定性减弱，火焰稳定性增强；在富燃条件下，热-质扩散作用有利于火焰稳定，此时火焰不稳定性的出现主要是流体动力学不稳定性的影响，在稍偏向于富燃区域，流体动力学不稳定性最强，随着当量比的增加，流体动力学不稳定性逐渐减弱，同时热-质扩散稳定作用增强，火焰整体稳定性增强。总的来说，随着当量比的增加，氢气/空气混合物火焰稳定性增加，火焰表面光滑程度增强。

（2）初始压力的影响

图 5-35 给出了理论当量比下氢气/空气混合物在不同初始压力时的火焰图像。从图中可以看出，在初始压力为 0.5 atm 时，火焰表面较为光滑；初始压力为 0.8 atm 时，在较大的半径处，火焰表面出现裂纹；当初始压力增大到 1.0 atm 时，火焰在 6 cm 时表面产生了大量的裂纹，数量明显多于初始压力 0.8 atm 时；在初始压力为 1.2 atm 和 1.5 atm 时，火焰在 4 cm 时表面就已经出现了大量的裂纹，在 6 cm 处火焰表面已经布满了细小的胞格状结构，初始压力为 1.5 atm 时胞格状结构更明显。

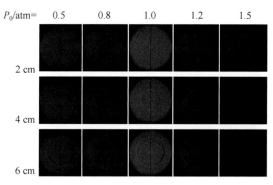

图 5-35 不同初始压力下的氢气/空气混合物火焰图像（$\phi=1.0$）

图 5-36 给出了氢气/空气混合物刘易斯数与初始压力的关系，从图中可以看出，刘易斯数几乎不随初始压力的变化而变化，说明压力对热-质扩散不稳定的影响非常小。

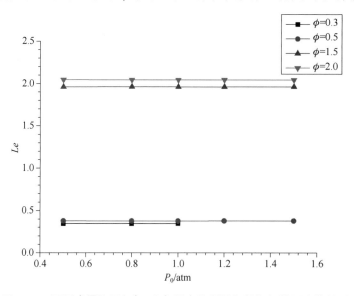

图 5-36 不同当量比下氢气/空气混合物刘易斯数与初始压力的关系

图 5-37 给出了不同当量比下氢气/空气混合物火焰厚度与初始压力的关系，由图可知，随着初始压力的增加，火焰厚度逐渐减小，说明曲率对火焰的稳定作用减弱，同时火焰弯曲产生的拉伸效应减弱，流体动力学不稳定性增强。因此，初始压力对氢气/空气混合物火焰稳定性的影响主要体现在流体动力学不稳定性上，随着初始压力的增加，流体动力学不稳定性增强，火焰稳定性减弱。

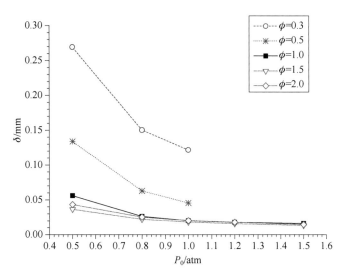

图 5-37　不同当量比下氢气/空气混合物火焰厚度与初始压力的关系

图 5-38 给出了不同当量比下氢气/空气混合物火焰整体稳定性表征参数马克斯坦长度随初始压力的变化趋势，由图可知，马克斯坦长度随着初始压力的增加而不断降低，说明火焰的整体稳定性降低。

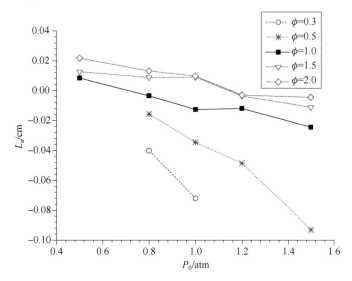

图 5-38　不同当量比下氢气/空气混合物火焰马克斯坦长度与初始压力的关系

图 5-39 给出了不同当量比条件下氢气/空气混合物临界失稳半径随初始压力的变化趋势，从图中可以看出，随着初始压力的增加，临界失稳半径同样呈现出下降的趋势。从马克斯坦长度和临界失稳半径的结果可以发现，氢气/空气混合物火焰稳定性随着初始压力的增加而降低，与火焰表面结构观察到的结果一致。

初始压力对氢气/空气混合物火焰稳定性的影响主要体现在流体动力学不稳定性上，随着初始压力的增加，火焰传播速度降低，火焰厚度变薄，流体动力学不稳定性增强，火焰整体稳定性减弱，火焰表面的胞格状结构增多。

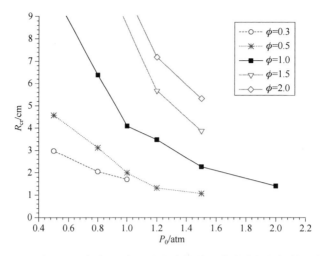

图 5-39　不同当量比下氢气/空气混合物火焰临界失稳半径与初始压力的关系

5.8　氢气/氧气混合物火焰传播过程及特征参数测试研究

氢氧燃烧广泛应用于航天领域，为了更好地理解氢气/氧气的燃烧机制，本节对不同当量比和初始压力条件下的氢气/氧气混合物的火焰传播过程进行了研究，给出了准确的层流燃烧速度数据，并与理论预测结果进行了对比。

5.8.1　球形火焰传播过程分析

（1）当量比对球形火焰传播过程的影响

为了研究当量比对氢气/氧气混合物层流燃烧特性的影响，我们对当量比在 0.5~1.5 范围变化的火焰传播过程进行了实验研究。图 5-40 所示为常压下，氢气/氧气混合物在不同当量比时的火焰传播纹影图像。由图可知，氢气/氧气混合物的火焰传播速度极快，火焰面从燃烧室中心传播至可观察区域之外的整个过程用时约 1.2 ms。随着当量比从 0.5 增加到 1.0，火焰在相同时间内传播的距离增加，说明火焰传播速度增大；随着当量比进一步增加到 1.5，火焰在相同时间内传播的距离减少，说明火焰传播速度减小。

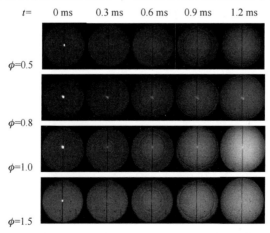

图 5-40　氢气/氧气混合物在不同当量比时火焰传播的纹影图像（$P_0 = 1.0$ atm）

　　图 5-41 所示为不同当量比下氢气/氧气混合物火焰半径与时间的关系。由图可知，在当量比为 0.5 时，火焰半径随时间的增长速度最慢，随着当量比从 0.5 增加到 1.0，火焰半径随时间的增长速度升高，随着当量比进一步增加到 1.5，火焰半径随时间的增长速度降低，说明随着当量比的增大，火焰传播速度先增大后减小。

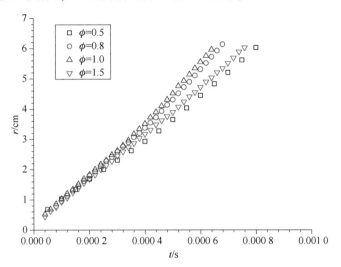

图 5-41　不同当量比氢气/氧气混合物火焰半径与时间的关系（$P_0 = 1.0$ atm）

　　图 5-42 给出了不同当量比下氢气/氧气混合物火焰传播速度与火焰半径的关系。由图可知，在初始压力为 1.0 atm 时，不同当量比下的氢气/氧气混合物火焰传播速度随火焰半径的变化趋势相同。在火焰发展初期，随着火焰半径的增大，火焰传播速度逐渐减小，当火焰传播到一定半径后，由于火焰失稳，火焰传播速度迅速增大，层流燃烧状态向湍流燃烧转变。

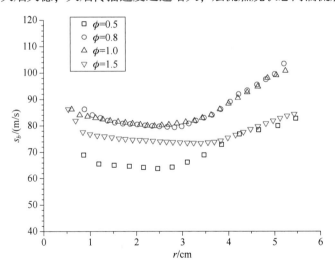

图 5-42　不同当量比氢气/氧气混合物火焰传播速度与火焰半径的关系（$P_0 = 1.0$ atm）

　　（2）初始压力对火焰传播过程的影响

　　为了研究初始压力对氢气/氧气混合物层流燃烧特性的影响，进行了初始压力在 0.1~1.5 atm 范围变化的火焰传播实验。图 5-43 给出了理论当量比下氢气/氧气混合物在不同初始压力时火焰传播的纹影图像。由图可知，初始压力对氢气/氧气混合物火焰传播速度的影响较为明显，对比不同初始压力下氢气/氧气混合物火焰在相同时间内传播的距离可以发现，初始压力越大，火焰传播越快，说明火焰传播速度越大。当初始压力较高时，火焰传播速度较大，且火焰很早就失去稳定性，层流燃烧阶段很短，可用于分析和处理的有效实验数据范围狭窄，因此，对于大初始压力条件下的氢气/氧气混合物层流燃烧速度难以通过本实验方法来获得。

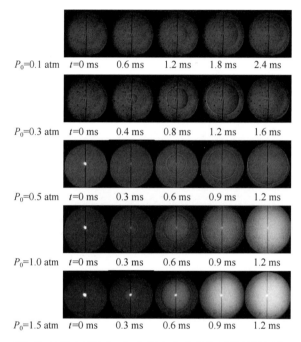

图5-43 不同初始压力下氢气/氧气混合物火焰传播的纹影图像（$\phi=1.0$）

图5-44所示为不同初始压力下氢气/氧气混合物火焰半径与时间的关系。由图可知，随着初始压力的增加，r-t 曲线斜率明显增大，说明火焰传播速度增大。

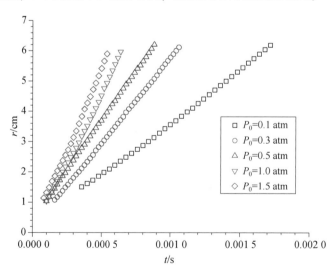

图5-44 不同初始压力下氢气/氧气混合物火焰半径与时间的关系（$\phi=1.0$）

图 5-45 给出了不同初始压力下氢气/氧气混合物已燃气体球形火焰传播速度与火焰半径的关系。由图可知，在初始压力为 0.1 atm 和 0.3 atm 时，火焰传播速度随火焰半径的增加而逐渐增大；在初始压力为 0.5 atm、1.0 atm 和 1.5 atm 时，火焰传播速度随着火焰半径的增加呈现出先减小后增大的变化趋势，在初始压力为 1.0 atm 和 1.5 atm 时，火焰加速现象十分明显。

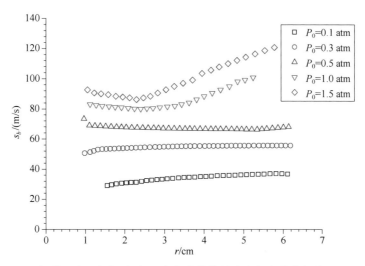

图 5-45　不同初始压力下氢气/氧气混合物火焰传播速度与火焰半径的关系（$\phi=1.0$）

5.8.2　火焰传播速度随拉伸率的变化规律

图 5-46 给出了氢气/氧气混合物层流燃烧阶段拉伸火焰传播速度与拉伸率的关系，并对二者之间的关系进行了非线性拟合。图 5-46（a）为初始压力为 0.1 atm 情况下，在不同当量比时拉伸火焰传播速度随拉伸率的变化情况，由图可知，对于不同当量比条件下的氢气/氧气混合物，拉伸火焰传播速度随着拉伸率的增加而逐渐降低。当初始压力增大为 0.3 atm 时，氢气/氧气混合物在当量比为 0.8、1.0 和 1.5 时，拉伸火焰传播速度随拉伸率的变化趋势保持不变，仍随拉伸率的增加而降低，但当量比降低为 0.5 时，二者关系发生变化，随着拉伸率的增加，拉伸火焰传播速度呈现出升高的趋势，如图 5-46（b）所示。当初始压力为 0.5 atm 和 1.0 atm 时，不同当量比条件下的氢气/氧气混合物拉伸火焰传播速度都随着拉伸率的增加而逐渐增大，当量比越小，增大趋势越明显，如图 5-46（c）和图 5-46（d）所示。

5.8.3　层流燃烧速度的影响因素和规律研究

（1）当量比对层流燃烧速度的影响规律分析

对氢气/氧气混合物层流燃烧阶段拉伸火焰传播速度与拉伸率之间的非线性关系进行拟合，将曲线外推至拉伸率等于零的位置，就可以得到预混可燃气体的无拉伸火焰传播速度（火焰面相对于未燃气体的速度），即为层流燃烧速度。图 5-47 给出了氢气/氧气混合物在不同初始压力条件下的层流燃烧速度随当量比的变化规律。由图可知，不同初始压力下的氢气/氧气混合物层流燃烧速度的最大值均出现在理论当量比时，此时混合物完全反应，放出更多的热量。当混合气体当量比远离理论当量比时，层流燃烧速度都会减小。氢气/氧气混合物当量比小于1时，随着当量比降低，层流燃烧速度下降的速度较为明显；而当量比大于1时，层流燃烧速度变化相对缓慢。

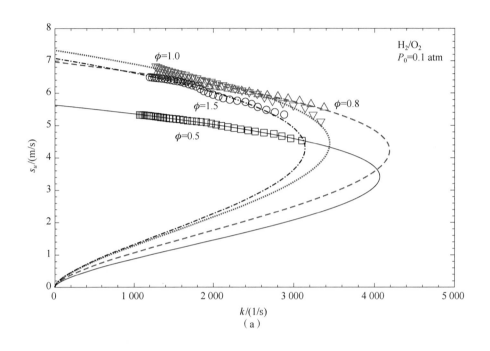

（a）

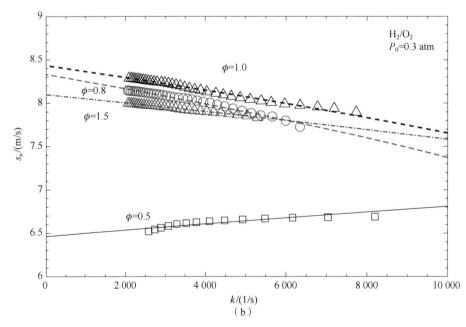

（b）

图 5-46 氢气/氧气混合物拉伸火焰传播速度与拉伸率的关系

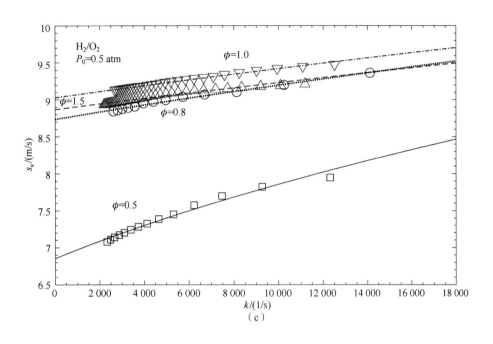

（c）

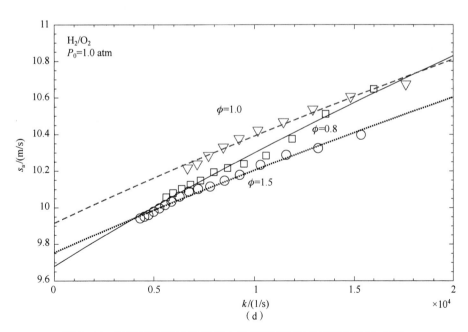

（d）

图 5-46 氢气/氧气混合物拉伸火焰传播速度与拉伸率的关系（续）

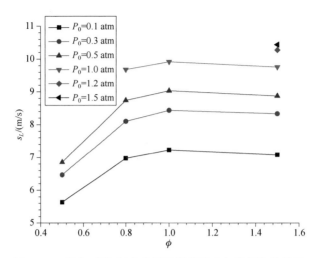

图 5-47　氢气/氧气混合物层流燃烧速度与当量比的关系

图 5-48（a）和图 5-48（b）分别为氢气/氧气混合物在初始压力为 0.3 atm 和 0.5 atm

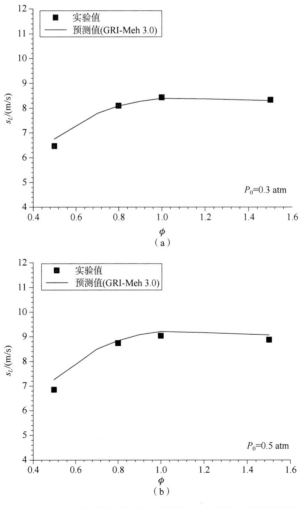

图 5-48　氢气/氧气混合物层流燃烧速度实验值与理论预测值

（a）$P_0 = 0.3$ atm；（b）$P_0 = 0.5$ atm

时层流燃烧速度的实验测量值和理论预测值。从图中可以看出，在初始压力为 0.3 atm 时，当量比大于 0.5 时，GRI-Mesh 3.0 表现出良好的预测性（偏差 1% 以内），但在当量比为 0.5 时，预测值偏高，偏差为 4%。在初始压力为 0.5 atm 时，最大偏差同样在当量比 0.5 处，偏差为 6%，在当量比为 0.8、1.0 和 1.5 时，偏差在 2.5% 以内。

（2）初始压力对层流燃烧速度的影响规律分析

同时研究了初始压力对氢气/氧气混合物层流燃烧速度的影响，图 5-49 给出了不同当量比时氢气/氧气混合物层流燃烧速度与初始压力的关系。由图可知，与氢气/空气不同，氢气/氧气混合物的层流燃烧速度对初始压力变化具有较高的敏感度，随着初始压力的增加而显著增大，低压条件下尤其显著。对于理论当量比下的氢气/氧气混合物，随着初始压力从 0.1 atm 升高到 1.0 atm，层流燃烧速度从 7.227 m/s 迅速增大到 9.916 m/s。

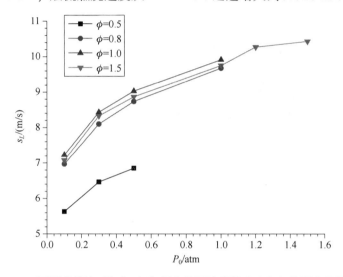

图 5-49 不同当量比时氢气/氧气混合物层流燃烧速度与初始压力的关系

5.8.4 初始条件对氢气/氧气混合物火焰稳定性的影响

（1）当量比的影响

我们对不同当量比下的氢气/氧气混合物火焰稳定性进行研究，图 5-50 给出了氢气/氧气混合物在不同当量比时的火焰图像。图 5-50（a）所示为初始压力 1.0 atm 时，不同当量比下的火焰图像，从图中可以看出，氢气/氧气混合物极易失稳，在所研究的当量比范围内，火焰表面都出现了明显的胞格状结构。图 5-50（b）所示为初始压力 0.5 atm 时，不同当量比下的火焰图像，由图可知，在火焰半径 4 cm 处，火焰表面较为光滑，随着火焰发展到半径 6 cm 处，当量比为 1.5 时，火焰表面仍保持光滑，而当量比为 0.5、0.8 和 1.0 时，火焰表面形成细小的胞格状结构，当量比越小，火焰表面的胞格状结构越明显。

与氢气/空气混合物相同，氢气/氧气混合物火焰不稳定性主要由热-质扩散不稳定性和流体动力学不稳定性主导，通常用刘易斯数来表征热-质扩散不稳定性，图 5-51 给出了不同实验条件下氢气/氧气混合物的刘易斯数。由图可知，氢气/氧气混合物刘易斯数主要受当量比的影响，压力对刘易斯数的影响不大，不同压力时的刘易斯数近乎不变。在富燃情况下，氢气/氧气混合物刘易斯数大于 1，热-质扩散过程是本质稳定的；相反，在贫燃情况下，刘易斯数小于 1，热-质扩散过程不利于火焰稳定。

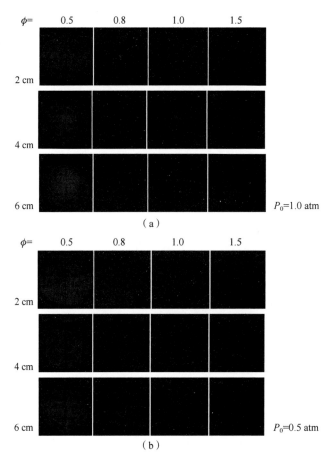

图 5-50 不同当量比下氢气/氧气混合物火焰图像

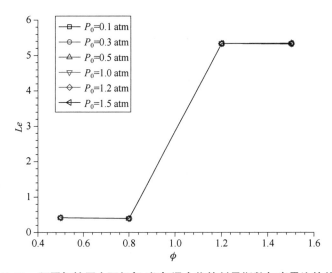

图 5-51 不同初始压力下氢气/氧气混合物的刘易斯数与当量比的关系

  流体动力学不稳定性可以用火焰厚度来表征,图 5-52 给出了不同初始压力下氢气/氧气混合物在不同当量比时的火焰厚度。由图可知,当量比对火焰厚度的影响并不明显,对于不同初始压力条件下的氢气/氧气混合气体，火焰厚度随当量比的变化趋势一致，在当量比为 0.8 时取得最小值，此时流体动力学不稳定性最强，当当量比偏离 0.8 时，火焰厚度略微增大，流体动力学不稳定性减弱。随着初始压力的增加，火焰厚度减小。

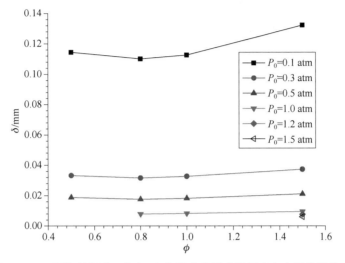

图 5-52　不同初始压力下氢气/氧气混合物的火焰厚度与当量比的关系

图 5-53 给出了不同初始压力下氢气/氧气混合物火焰的马克斯坦长度随当量比的变化。由图可知，随着当量比的增加，马克斯坦长度逐渐增加，在初始压力为 0.3 atm 时，随着当量比从 0.5 增大为 0.8，马克斯坦长度由负转正，火焰趋于稳定，说明火焰整体稳定性随着当量比的增大逐渐增强。

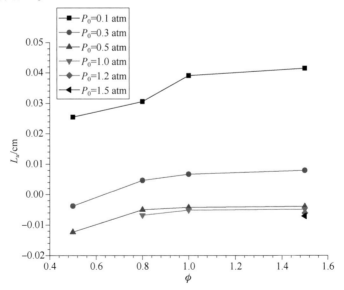

图 5-53　不同初始压力下氢气/氧气混合物火焰马克斯坦长度与当量比的关系

图 5-54 所示为氢气/氧气混合物火焰临界失稳半径与当量比的关系，由图可知，随着当量比的增加，临界失稳半径增大，说明当量比越大，氢气/氧气火焰越不容易失稳。因此，氢气/氧气混合物火焰的整体稳定性随着当量比的增加而逐渐增强。

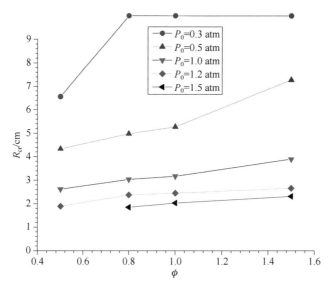

图5-54　不同初始压力下氢气/氧气混合物火焰的临界失稳半径与当量比的关系

根据上述研究发现,随着当量比的增加,氢气/氧气混合物火焰稳定性增强。贫燃时,热-质扩散不稳定性和流体动力学不稳定性共同作用影响着火焰的稳定性。富燃时,热-质扩散作用会抑制火焰的不稳定性,火焰失稳主要是由于流体动力学不稳定性的影响。

（2）初始压力的影响

为了研究初始压力对氢气/氧气混合物火焰稳定性的影响,图5-55给出了理论当量比下的氢气/氧气混合物在不同初始压力时的火焰图像。由图可知,当初始压力为0.1 atm和0.3 atm时,火焰表面一直保持光滑状态;当初始压力为0.5 atm时,火焰在半径4 cm之前表面保持光滑,但在半径6 cm处形成了细小的胞格状结构;当初始压力为1.0 atm、1.2 atm和1.5 atm时,在半径为4 cm时火焰表面就观察到明显的胞格状结构,初始压力越高,火焰表面的胞格状结构越细、越密。

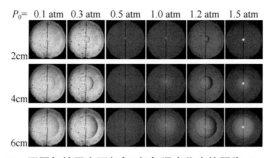

图5-55　不同初始压力下氢气/氧气混合物火焰图像（$\phi=1.0$）

不同初始压力下的氢气/氧气混合物刘易斯数近乎相同,压力对热-质扩散不稳定性的影响非常小。初始压力对氢气/氧气混合物火焰稳定性的影响主要体现在流体动力学不稳定性上。图5-56所示为不同当量比时氢气/氧气混合物的流体动力学不稳定性表征参数——火焰厚度与初始压力的关系,从图中可以看出,初始压力对氢气/氧气混合物火焰厚度的影响十分明显,随着压力的增加,火焰厚度显著减小。当理论当量比时,初始压力从0.1 atm增长到1.0 atm时,氢气/氧气混合物的火焰厚度从0.113 mm迅速下降到0.008 mm,说明初始压力对流体动力学不稳定性影响显著，随着初始压力的增加，流体动力学不稳定性迅速增强。氢气/氧气混合物的火焰厚度很小，远低于相同条件下的氢气/空气混合物的火焰厚度，这是氢气/氧气混合物火焰在稍高的初始压力下就很快失稳形成胞格状结构的主要原因。

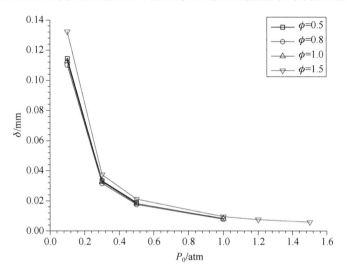

图 5-56　不同当量比时氢气/氧气混合物的火焰厚度与初始压力的关系

　　为了反映氢气/氧气混合物火焰不稳定性的综合效应，图 5-57 给出了不同当量比下氢气/氧气混合物火焰马克斯坦长度与初始压力的关系。由图可知，当初始压力为 0.1 atm 时，氢气/氧气混合物马克斯坦长度在所讨论当量比（0.5、0.8、1.0 和 1.5）中都为正值，火焰整体稳定；当初始压力增大到 0.3 atm 时，当量比 0.8、1.0 和 1.5 的氢气/氧气混合物马克斯坦长度保持正值，火焰较为稳定，而当量比为 0.5 的氢气/氧气混合物马克斯坦长度由正转负，火焰趋于失稳；当初始压力继续增加到 0.5 atm 时，各当量比下的氢气/氧气混合物马克斯坦长度都变为负值，火焰整体稳定性较差。因此，氢气/氧气混合物马克斯坦长度随着初始压力的增加而迅速降低，在某一初始压力时，由正转负，火焰由稳定向失稳转变，说明火焰稳定性随着初始压力的增加而显著下降。

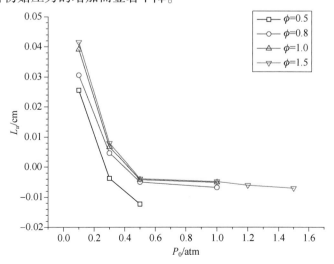

图 5-57　不同当量比时氢气/氧气混合物火焰马克斯坦长度与初始压力的关系

图 5-58 给出了氢气/氧气混合物火焰临界失稳半径与初始压力的关系，从图中可以看出，随着初始压力的增加，临界失稳半径显著下降，说明火焰变得更容易失稳。因此，氢气/氧气混合物火焰整体稳定性随着初始压力的增加而减弱。

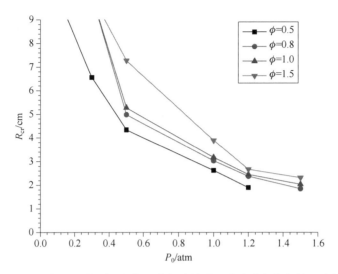

图 5-58　不同当量比时氢气/氧气混合物火焰临界失稳半径与初始压力的关系

研究发现，初始压力对氢气/氧气混合物火焰的稳定性具有显著的影响，随着初始压力的增加，火焰厚度迅速减小，流体动力学不稳定性显著增强，火焰整体稳定性减弱，火焰表面不稳定现象增强。

5.9　氨气/空气混合物火焰传播与特征参数测试研究

5.9.1　浮力对低燃速火焰传播过程的影响及层流燃烧速度分析方法

图 5-59 给出了在常压下理论当量比时氨气/空气混合物火焰传播的纹影图像。从图中可以看出，预混可燃气体点火后火焰以点火源为中心向四周缓慢扩展，当火焰传播到一定距离后，火焰面逐渐向上飘移，火焰变形，球面被挤压成近似椭球面。

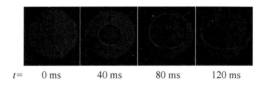

图 5-59　常压下氨气/空气混合物在理论当量比时的火焰传播过程

对于氢气/空气这种层流燃烧速度较高的燃料/氧化剂混合物，浮力效应引起的火焰上升速度很小，可以忽略不计，中心点火的火焰可视为向外膨胀的球形火焰，层流燃烧速度等火焰参数可以通过球形膨胀火焰的传播历史来获得。但对于层流燃烧速度极低、浮力效应明显的火焰，如氨气/空气火焰，由于火焰前缘曲率和应变不均匀，火焰前缘在不同点处的传播速度不同，火焰的传播不再是向外扩张的球形火焰，而是向外扩张的准椭球形火焰。椭球形火焰的水平轴长度和垂直轴长度分别用 a 和 b 表示，如图 5-60 所示。图中，V_f 是等效球形膨胀火焰的传播速度，V_b 为浮力诱导的椭球形火焰在水平轴末端处变形速度的垂直分量，V_{b1} 和 V_{b2} 分别是浮力诱导的椭球形火焰在垂直轴上、下端处变形速度的垂直分量，V_e 是浮力诱导的椭球形火焰在水平轴末端处变形速度的水平分量。

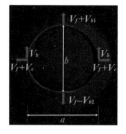

图 5-60　浮力效应引起的椭球形火焰示意图

在某一时刻 t，椭球形火焰的水平轴长度 a 和垂直轴长度 b 可以通过火焰传播纹影图像获得。水平轴长度的变化率 $\dot{a}$ 可以表示为：

$$\dot{a} = \frac{\mathrm{d}a}{\mathrm{d}t} = 2V_f + 2V_e \tag{5-46}$$

垂直轴长度的变化率 $\dot{b}$ 可以表示为：

$$\dot{b} = \frac{\mathrm{d}b}{\mathrm{d}t} = 2V_f + V_{b1} - V_{b2} \tag{5-47}$$

浮力影响火焰的传播过程可视为球形膨胀过程和浮力诱导变形过程的组合。在没有浮力作用的情况下，火焰将以球形火焰向外传播，就像在微重力环境中或在具有高层流燃烧速度的混合物中一样，此时仅存在火焰传播速度 V_f；当存在浮力作用时，火焰将受到挤压或者拉伸，火焰形状发生改变，此时还存在由于浮力引起的上浮速度以及因挤压或者拉伸产生的横向变形速度，如图 5-61 所示。

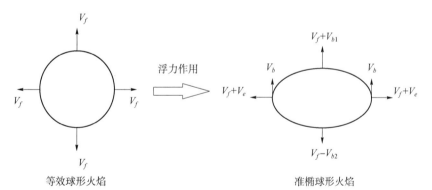

图 5-61　浮力作用示意图

假设浮力作用只会引起火焰面形状改变，而不会造成燃烧产物体积变化，即：

$$\frac{4}{3}\pi r_{sp}^3 = \frac{4}{3}\pi \left(\frac{a}{2}\right)^2 \cdot \frac{b}{2} \tag{5-48}$$

$$\frac{\mathrm{d}}{\mathrm{d}t}\left(\frac{4}{3}\pi r_{sp}^3\right) = \frac{\mathrm{d}}{\mathrm{d}t}\left[\frac{4}{3}\pi \left(\frac{a}{2}\right)^2 \cdot \frac{b}{2}\right] \tag{5-49}$$

式中，r_{sp} 为准椭球形火焰对应的等效球形火焰半径。因此，等效球形火焰半径及其变化率可以表示为：

$$r_{sp} = \frac{1}{2} a^{\frac{2}{3}} b^{\frac{1}{3}} \qquad (5\text{-}50)$$

$$\frac{\mathrm{d}r_{sp}}{\mathrm{d}t} = \frac{1}{3}\left(\frac{b}{a}\right)^{\frac{1}{3}} \dot{a} + \frac{1}{6}\left(\frac{a}{b}\right)^{\frac{2}{3}} \dot{b} = V_f \qquad (5\text{-}51)$$

浮力影响火焰的等效球面拉伸速率 k 可以表示为：

$$k = \frac{1}{A} \frac{\mathrm{d}A}{\mathrm{d}t} = \frac{2}{r_{sp}} V_f = \frac{4}{3}\left(\frac{1}{a}\right)\dot{a} + \frac{2}{3}\left(\frac{1}{b}\right)\dot{b} \qquad (5\text{-}52)$$

通过式（5-46）~式(5-52)，可以从获得的火焰传播纹影图像中提取到各个时刻去除了浮力影响的等效球形火焰半径 r_{sp} 和传播速度 V_f。通过进一步分析，利用非线性外推方法即可得到层流燃烧速度。氨气/空气混合气体火焰的发展模式可以用浮力引起的水平变形总速度 $2V_e$ 和垂直变形总速度 $V_{b1}-V_{b2}$ 表示，分别可以由式（5-46）和式（5-47）得到。当 $2V_e > V_{b1}-V_{b2}$ 时，垂直方向受到压缩，火焰趋于扁平形状；当 $2V_e < V_{b1}-V_{b2}$ 时，火焰垂直方向受到拉伸，火焰趋于细高形状。

图 5-62 所示为当量比为 1.0，初始压力为 1.0 atm，点火能为 1.0 J 情况下的氨气/空气混合物火焰形成和传播的纹影图像。从图像中可以看到，由于浮力的影响，火焰在向外传播时火焰面上移，火焰变形。通过分析图像可以获得垂直轴长度的变化率 $\dot{a}$ 和水平轴长度的变化率 $\dot{b}$，通过式（5-46）~式（5-51）可以得到浮力引起的垂直方向变形总速度（$V_{b1}-V_{b2}$）和水平方向变形总速度（$2V_e$）以及等效球形膨胀火焰传播速度（V_f），结果如图 5-63 所示。由图可知，在点火时刻，由于电极放电过程中产生的冲击波，火焰以相对较高的速度传播，点火之后，火焰的传播速度迅速下降，并且，浮力引起的垂直方向变形总速度经历了先增大后减小的过程，最大变形速度为 0.149 m/s，而水平方向变形总速度经历了先减小后增大的过程，最小变形速度为 -0.121 m/s。从图 5-63 中我们可以看到，在 T_{cr1} 和 T_{cr2} 这两个时刻，火焰在水平和垂直方向由于浮力引起的变形速率变为零，我们将这些时刻称为临界时间，从图 5-62 和图 5-63 中还可以看到，电火花点燃后，氨气/空气混合物火焰以点火源为中心呈扁平的准椭球形向外扩展，水平方向变形速度大于垂直方向变形速度，火焰趋于更扁平。随着火焰的传播，在临界时间 T_{cr1}（图 5-63 中的 2.3 ms）时，水平和垂直方向的变形速度变为零。在 T_{cr1} 之后，浮力引起的垂直方向的变形速度变得大于水平方向的变形速度，火焰趋于细高状。在临界时间 T_{cr2}（图 5-63 中的 18.6 ms）时，水平和垂直轴的变化率再次变为零。在 T_{cr2} 之后，浮力引起的垂直方向的变形速度变得小于水平方向的变形速度，火焰变得趋于扁平。

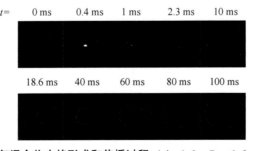

图 5-62　氨气/空气混合物火焰形成和传播过程（$\phi = 1.0$，$P_0 = 1.0$ atm，$E_0 = 1.0$ J）

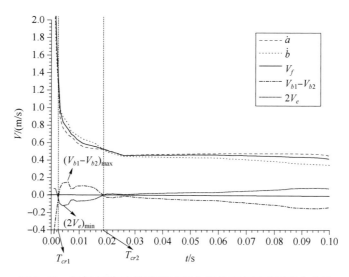

图 5-63　氨气/空气火焰传播过程中相关速度随时间变化曲线

氨气/空气混合物火焰的水平轴长度与垂直轴长度之比随时间的变化如图 5-64 所示。从图 5-64 中可以看出，随着火焰的发展，氨气/空气混合物火焰的水平轴长度与垂直轴长度之比首先迅速减小，然后缓慢增加，但在整个火焰传播过程中，该比值始终大于 1，说明火焰一直处于扁平状态。

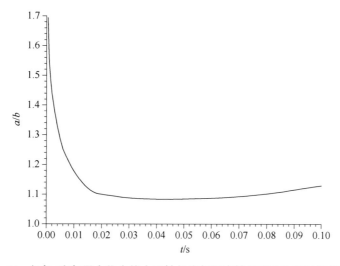

图 5-64　氨气/空气混合物火焰水平轴长度与垂直轴长度之比随时间的变化

5.9.2　火焰传播速度与拉伸率的关系

图 5-65 给出了不同实验条件下氨气/空气混合物层流燃烧阶段拉伸火焰传播速度与拉伸率的关系，并对二者的关系进行了非线性拟合。图 5-65（a）为常压下氨气/空气混合物在不同当量比时拉伸火焰传播速度与拉伸率的关系。由图可知，富燃情况下，拉伸火焰传播速度随着拉伸率的增长而逐渐降低；相反，贫燃情况下，拉伸火焰传播速度随拉伸率的增长呈现出上升的变化趋势。

图 5-65（b）给出了理论当量比下氨气/空气混合物在不同初始压力时拉伸火焰传播速度与拉伸率的关系，从图中可以看出，对于理论当量比的氨气/空气混合物，在不同初始压力时，拉伸火焰传播速度随拉伸率变化趋势一致，都随拉伸率增长而逐渐降低。

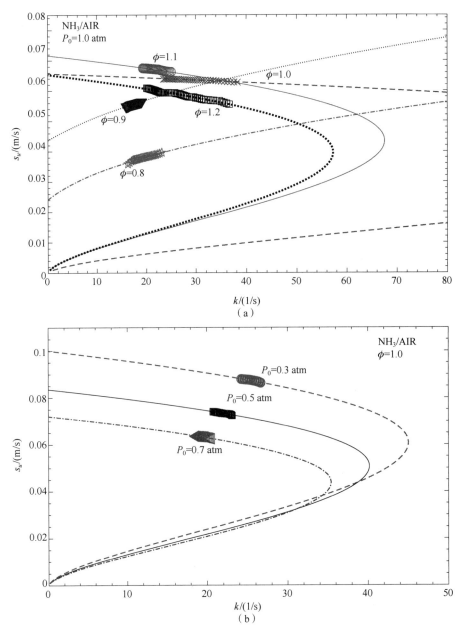

图 5-65　氨气/空气混合物球形火焰传播速度与拉伸率的关系

5.9.3　层流燃烧速度随初始条件的变化规律

将氨气/空气混合物球形火焰传播速度和拉伸率之间的非线性关系外推至拉伸率为零的位置，可以得到无拉伸火焰传播速度（火焰面相对于未燃气），即为层流燃烧速度，用 s_u^0 或 s_L 表示。

（1）层流燃烧速度随当量比的变化规律

图 5-66 给出了常压下氨气/空气混合物在不同当量比时的层流燃烧速度，并与其他研究者的结果进行了对比。从图中可以看出，虽然已经有部分学者对氨气/空气层流燃烧速度进行了研究，且层流燃烧速度随当量比变化趋势保持一致，但数据点较为分散。Zakaznov 和 Ronney 等人最早对氨气/空气层流燃烧速度进行测量，但可能由于实验条件限制，数据点较为分散。虽然后面的研究者们不断更新实验技术和数据处理方法，但都没有彻底将浮力的影响去除，导致实验数据的误差不可避免。本节给出的数据处理方法可以很好地得到氨气/空气混合物不受浮力影响的层流燃烧速度，所测结果趋势与他人研究一致，但在贫燃时的结果要低于大部分文献值，略高于 Hayakawa 等人得到的结果。氨气/空气混合物的最大层流燃烧速度出现在当量比 $\phi = 1.1$ 附近，随着当量比从 0.8 增大到 1.1，层流燃烧速度从 0.024 2 m/s 增大到 0.0717 m/s，随着当量比从 1.1 增加到 1.2，层流燃烧速度从 0.0717 m/s 降低到 0.0653 m/s。

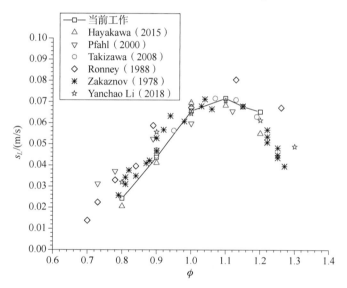

图 5-66　常压下氨气/空气混合物在不同当量比时的层流燃烧速度

本节采用不同的反应机理模型对氨气/空气混合物的层流燃烧过程进行了数值研究，模拟结果和实验结果如图 5-67 所示。其中，Tian 等人的化学反应机理基于 $NH_3/CH_4/O_2/Ar$ 低压火焰，Song 等人的机理基于高压条件下的氨氧化，UT-LCS 模型是 Otomo 等人在 Song 的工作基础上，通过对 NH_2、HNO、N_2H_2 等相关基元反应的改进而成，包括 32 种物质、204 种反应，可以应用于氨气/空气和氨气/氢气/空气燃烧的模拟。从图 5-67 中可以看出，Song 和 Tian 等人的机理模型对氨气/空气混合物层流燃烧速度的预测并不理想，预测值总体上偏高。Otomo 等人的机理模型在富燃区域可以得到较为合理的层流燃烧速度（偏差 6% 以内），但在贫燃区域仍然高估了氨气/空气混合物的层流燃烧速度。

（2）层流燃烧速度随初始压力的变化规律

图 5-68 给出了理论当量比下氨气/空气混合物层流燃烧速度与初始压力的关系。从图中可以看出，理论当量比时氨气/空气混合物的层流燃烧速度随初始压力的增加而单调减小，随着初始压力从 0.2 atm 增加到 1.0 atm，层流燃烧速度从 0.1 m/s 降低至 0.065 3 m/s。

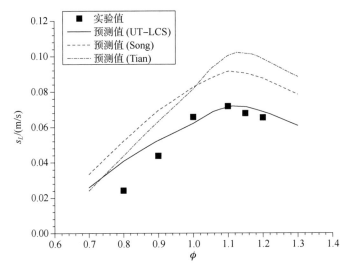

图 5-67 氨气/空气混合物层流燃烧速度实验值与理论预测值

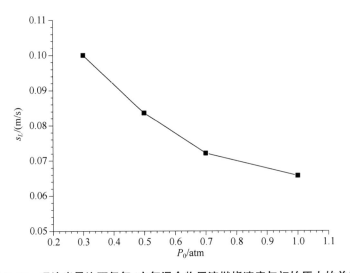

图 5-68 理论当量比下氨气/空气混合物层流燃烧速度与初始压力的关系

5.9.4 氨气/空气混合物火焰稳定性研究

氨气的反应活性要远低于氢气，表现出来的火焰稳定性也与氢气燃料不同，本节将对氨气/空气的火焰稳定性及其影响机制展开研究。

一般来说，热-质扩散不稳定性和流体动力学不稳定性作用的结果是火焰表面褶皱状态的出现和增强，体积力不稳定性通常会导致火焰的上浮和变形。在氨气/空气混合物火焰传播过程中，火焰会由于浮力的影响逐渐向上飘移，火焰表面较为光滑，即使由于点火扰动出现裂纹和褶皱，也会随着火焰的传播快速消失。因此，氨气/空气混合物火焰稳定性主要由体积力不稳定性主导，为了研究体积力不稳定性对氨气/空气混合物火焰稳定性的影响，

图 5-69 给出了不同当量比时的氨气/空气混合物火焰发展后期的火焰图像。由图可知，在当量比为 1.0 和 1.2 时，体积力不稳定性的影响相对较弱，而在当量比为 0.8 和 1.4 时，体积力不稳定性的影响十分明显，因此越靠近可燃极限，体积力不稳定性的影响越明显。实际上，可燃气体混合物火焰传播过程中体积力不稳定性的影响一直存在，只是火焰传播速度较大时，这种影响可以忽略不计，而在可燃极限附近时，由于火焰传播速度很慢，火焰传播过程都会出现类似的上浮现象。

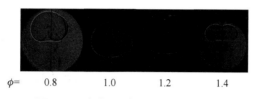

$\phi=$　　0.8　　　　1.0　　　　1.2　　　　1.4

图 5-69　氨气/空气混合物火焰形状

图 5-70 给出了氨气/空气混合物热-质扩散不稳定性的表征参数刘易斯数随当量比的变化规律，由图可知，贫燃时，刘易斯数小于 1，热-质扩散作用不利于火焰稳定，但氨气/空气混合物的刘易斯数较为接近 1，热-质扩散不稳定性非常有限；富燃时，刘易斯数大于 1，热-质扩散因素起稳定作用。图 5-71 给出了氨气/空气混合物流体动力学不稳定性的表征参数-火焰厚度随初始压力和当量比的变化。由图可知，在初始压力为 1 atm 的条件下，随着当量比从 0.8 增加到 1.1，火焰厚度从 0.926 mm 减小到最小值 0.292 mm，随着当量比的进一步增加，火焰厚度逐渐增大；在当量比为 1.0 的条件下，随着初始压力从 0.3 atm 增加到 1.0 atm，火焰厚度从 0.725 mm 降低到 0.325 mm。在所研究的当量比范围（0.8~1.2）和初始压力范围（0.3~1.0 atm）内，氨气/空气混合物火焰厚度要远大于相同条件下的氢气/空气混合物，火焰厚度越大，曲率对火焰的稳定作用就越强，会抑制火焰的不稳定性，因此，氨气/空气混合物火焰表面较为光滑，即使因为外在扰动出现褶皱也会很快消失。

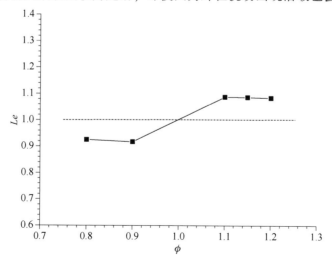

图 5-70　氨气/空气混合物的刘易斯数随当量比的变化

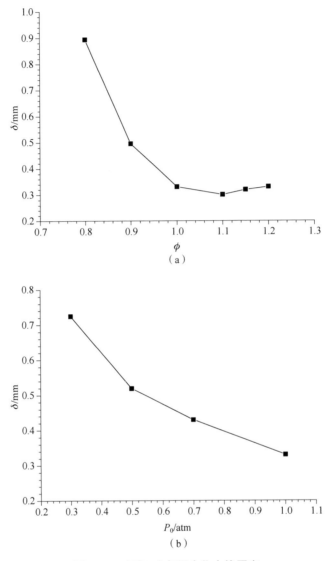

图 5-71　氨气/空气混合物火焰厚度

（a）不同当量比（$P_0=1.0$ atm）；（b）不同初始压力（$\phi=1.0$）

5.10　氨气/氧气混合物火焰传播与特征参数测试研究

为了研究氨气/氧气混合物的层流燃烧特性，我们对不同当量比（0.2~2.0）和初始压力（0.3~1.6 atm）条件下的氨气/氧气混合物的火焰传播过程和层流燃烧速度进行了研究。

5.10.1　火焰形成与发展过程研究

不同实验条件下的氨气/氧气混合物火焰传播纹影图像如图 5-72 所示，火花放电后，形成一个明亮的高温火核，点燃燃烧室内均匀静置的氨气/氧气混合物，火焰以点火源为中心向外球形扩展。图 5-72（a）为在初始压力为 0.5 atm 的情况下，不同当量比时的氨气/氧气混合物火焰传播的纹影图像，由图可知，氨气/氧气混合气体点火后，火焰呈球形向外缓慢扩展，表面保持光滑，在当量比为 0.75 和 1.0 时，火焰在 10 ms 时已经传播至可观察区域之外，而在当量比为 0.5 和 1.3，时火焰在 10 ms 内传播的距离明显减少，说明火焰传播速度减慢。图 5-72（b）为在初始压力为 1.0 atm 的情况下，不同当量比时的氨气/氧气混合物火焰传播的纹影图像。由图可知，随着当量比从 0.5 增加到 1.3，火焰在同一个时刻传播的半径先增大后减小，说明火焰传播速度先增后减。图 5-72（c）为在初始压力为 1.6 atm 的情况下，氨气/氧气混合物火焰传播的纹影图像，同样，随着当量比从 0.5 增加到 1.3，火焰传播速度先增大后减小。

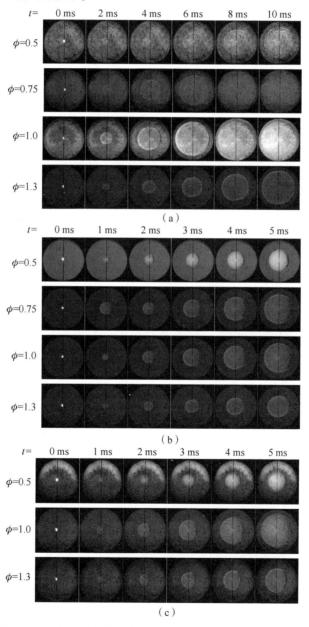

图 5-72　不同实验条件下氨气/氧气混合物火焰传播纹影图像

（a）$P_0 = 0.5$ atm；（b）$P_0 = 1.0$ atm；（c）$P_0 = 1.6$ atm

通过火焰图像可以获得不同时刻的火焰前锋面位置，图 5-73 给出了氢气/氧气混合物火焰半径与时间的关系，随着时间的增长，火焰不断膨胀，火焰半径单调增大。图 5-73（a）所示为初始压力 $P_0 = 0.5$ atm 的情况下，火焰半径与时间的关系。从图中可以看出，在当量比为 0.5、0.75、1.0 和 1.3 时，火焰传播 6 cm 所用的时间分别为 9 ms、5.8 ms、4.8 ms 和 8.2 ms，说明火焰传播速度随当量比的增加先增大后减小。图 5-73（b）所示为初始压力 $P_0 = 1.0$ atm 的情况下，火焰半径随时间的变化趋势。由图可知，在贫燃情况下，随着当量比从 0.5 增大到 0.75，火焰传播 6 cm 所用时间从 6.7 ms 缩短至 4.8 ms，说明火焰传播速度增大；在理论当量比时，火焰传播 6 cm 所用时间大约为 4.4 ms；在富燃情况下，随着当量比的增大，火焰传播到同一个半径处所用时间增多，说明火焰传播速度减小。图 5-73（c）所示为初始压力 $P_0 = 1.6$ atm 的情况下，火焰半径随时间的增长趋势。由图可

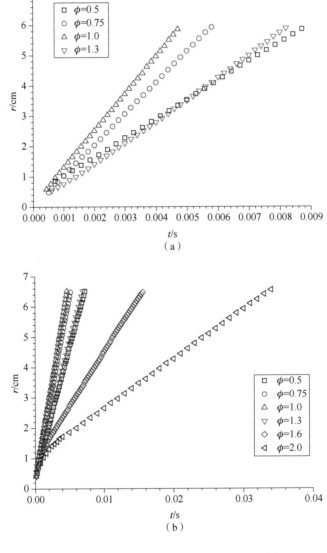

图 5-73　氢气/氧气混合物火焰半径与时间的关系

（a）$P_0 = 0.5$ atm；（b）$P_0 = 1.0$ atm

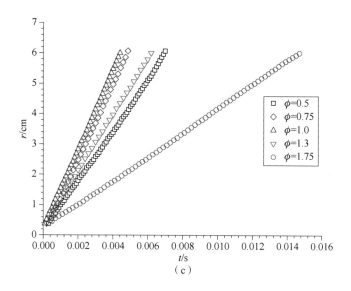

图 5-73　氢气/氧气混合物火焰半径与时间的关系（续）

（c）$P_0 = 1.6$ atm

知，在理论当量比时，火焰半径随时间的增长，曲线斜率最大，说明火焰传播速度最大，此时，火焰传播 6 cm 经历了 4.4 ms；当当量比偏离理论当量比时，曲线斜率减小，说明火焰传播速度降低。

5.10.2　火焰拉伸率对火焰传播速度的影响

利用氨气/氧气混合物的火焰传播轨迹，可以得到拉伸火焰传播速度和拉伸率。图 5-74 给出了不同实验条件下氨气/氧气混合物层流燃烧阶段拉伸火焰传播速度与拉伸率的关系。在初始压力为 0.5 atm 时，不同当量比条件下的氨气/氧气混合物拉伸火焰传播速度均随着拉伸率的增加而逐渐降低，如图 5-74（a）所示。

图 5-74（b）所示为初始压力为 0.7 atm 情况下，氨气/氧气混合物在不同当量比时拉伸火焰传播速度随拉伸率的变化情况。由图可知，随着拉伸率的增大，在当量比为 1.3 和 1.75 时，拉伸火焰传播速度减小；在当量比为 0.5 和 1.0 时，拉伸火焰传播速度呈现出上升的趋势。

图 5-74（c）和图 5-74（d）所示为初始压力为 1.0 atm 情况下，氨气/氧气混合物拉伸火焰传播速度随拉伸率的变化情况。由图可知，在当量比小于 1.3 时，拉伸火焰传播速度随着拉伸率的增加而逐渐增大；随着当量比增加到 1.6 时，拉伸火焰传播速度随着拉伸率的增加呈现出下降的趋势；在当量比为 1.8 和 2.0 时，拉伸火焰传播速度随着拉伸率的变化趋势与当量比为 1.6 时相同。

图 5-74（e）和图 5-74（f）分别表示的是在初始压力为 1.4 atm 和 1.6 atm 情况下，氨气/氧气混合物拉伸火焰传播速度与拉伸率的关系。由图可知，对于当量比小于 1.3 的氨气/氧气混合物，拉伸火焰传播速度均随着拉伸率的增加而增大；对于当量比为 1.75 的混合气体，随着拉伸率的增大，拉伸火焰传播速度逐渐降低。

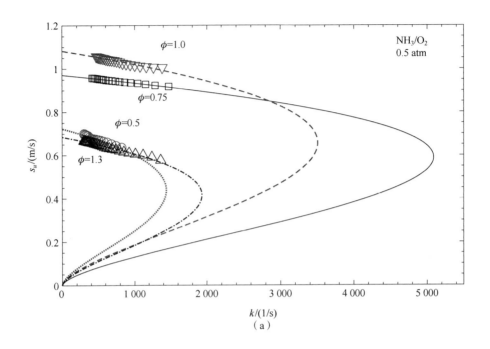

（a）

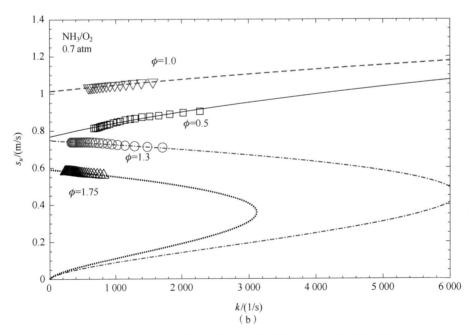

（b）

图 5-74　氨气/氧气混合物拉伸火焰传播速度与拉伸率的关系

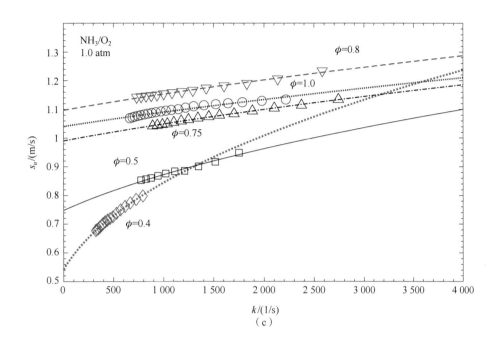

（c）

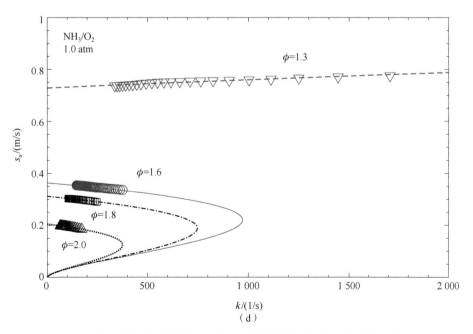

（d）

图 5-74　氨气/氧气混合物拉伸火焰传播速度与拉伸率的关系（续）

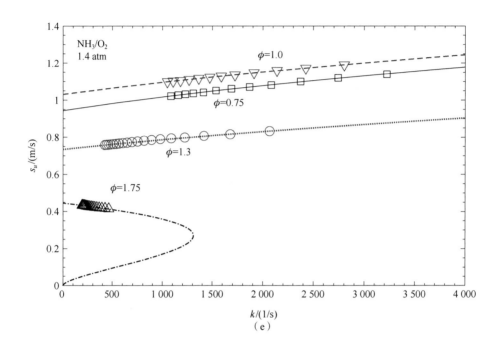

（e）

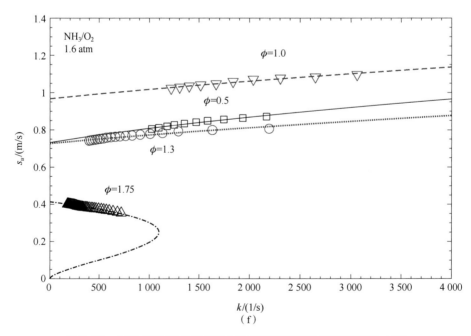

（f）

图 5-74 氨气/氧气混合物拉伸火焰传播速度与拉伸率的关系（续）

5.10.3　层流燃烧速度随当量比、初压的变化规律

根据拉伸火焰传播速度和拉伸率之间的非线性关系，利用非线性外推方法可以得到氨气/氧气混合物的层流燃烧速度。

（1）层流燃烧速度随当量比的变化规律

图 5-75 给出了不同初始压力条件下氨气/氧气混合气体在不同当量比时的层流燃烧速度。从图中可以看出，在初始压力为 1.0 atm 时，当当量比从 0.2 增加到 0.5 时，层流燃烧速度从 0.12 m/s 增加到 0.748 m/s，增长率相对较大；当当量比从 0.5 增加到 0.8 时，层流燃烧速度从 0.748 m/s 增加到其峰值 1.097 m/s；随着当量比进一步增加到 1.3，层流燃烧速度下降到 0.74 m/s；随着当量比从 1.3 增加到 2.0，层流燃烧速度从 0.74 m/s 降低到 0.205 m/s。对比不同初始压力下通过实验获得的层流燃烧速度，我们可以发现，层流燃烧速度与当量比之间呈倒"U"形关系，最大层流燃烧速度出现在 0.75～1.0 的当量比范围内。

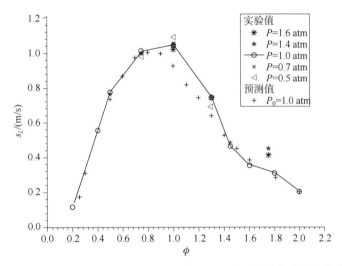

图 5-75　不同初始压力下氨气/氧气混合物层流燃烧速度与当量比的关系

在进行实验研究的同时，我们还采用 UT-LCS 机理模型和 Song 机理模型对氨气/氧气混合物层流燃烧速度进行了模拟研究，图 5-76 给出了氨气/氧气混合物层流燃烧速度的实验测量值和理论预测值。图中虚线是采用 Song 机理模型进行计算的结果，实线是采用 UT-LCS 机理模型进行计算的结果。可以发现，Song 的机理模型对氨气/氧气混合物层流燃烧速度的预测值总体偏高，UT-LCS 机理模型具有更好的预测能力，预测值和实验值整体趋势较为一致，但在高贫燃区域（$\phi<0.8$）时，预测值偏高，偏差在 0.1 m/s 以内。

（2）层流燃烧速度随初始压力的变化规律

图 5-77 所示为不同当量比时氨气/氧气混合物层流燃烧速度与初始压力的关系。由图可知，氨气/氧气混合物层流燃烧速度随初始压力的增加先增后减，存在一个最优初始压力使层流燃烧速度取得最大值。对于理论当量比时的氨气/氧气混合物，随着初始压力从 0.3 atm 增加到 0.5 atm，层流燃烧速度从 1.017 m/s 增加到其峰值 1.082 m/s；随着初始压力进一步增加到 1.6 atm，层流燃烧速度从 1.082 m/s 降低到 1.003 m/s。对于当量比为 0.5

和 1.3 的氨气/氧气混合物，层流燃烧速度在初始压力为 0.7 atm 时取得最大值，分别为 0.768 m/s 和 0.748 m/s。在初始压力低于 0.7 atm 时，层流燃烧速度随初始压力的增加而增加，初始压力高于 0.7 atm 时，层流燃烧速度随初始压力的增加而降低。

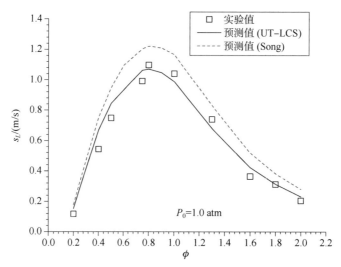

图 5-76　氨气/氧气混合物层流燃烧速度实验测量值和理论预测值对比

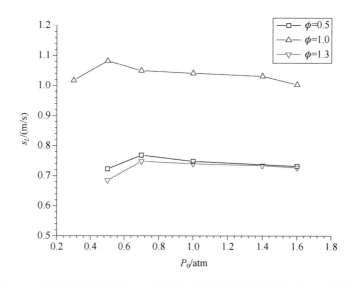

图 5-77　不同当量比下氨气/氧气混合物层流燃烧速度与初始压力的关系

5.10.4　氨气/氧气混合物火焰稳定性研究

（1）当量比的影响

为了研究当量比对氨气/氧气混合物火焰稳定性的影响，图 5-78 给出了常压下氨气/氧气混合物在不同当量比时的火焰图像。由图可知，当量比为 0.2 时，火焰在半径 6 cm 之前表面一直保持光滑；当量比为 0.5 和 1.0 时，火焰在 4 cm 处出现了裂纹，随后不断分裂增多，在 6 cm 处时观察到大量的网格状裂纹，当量比为 0.5 时裂纹数量更多；当当量比增大到 1.3 时，火焰在较大的半径 6 cm 处才出现裂纹；当量比为 1.6 和 2.0 时，火焰表面始终保持光滑。因此，氨气/氧气混合物火焰稳定性并不随当量比的增加而单调变化，随着当量比从 0.2 增加到 0.5，火焰表面不稳定现象增强，火焰稳定性减弱，而在当量比范围 0.5～2.0 时，随着当量比的增加，火焰表面不稳定现象减弱，火焰稳定性增强。

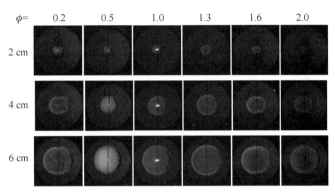

图 5-78　不同当量比下氨气/氧气混合物火焰图像（$P_0 = 1.0$ atm）

氨气/氧气混合物火焰传播过程与氢气/空气混合物较为相似，混合气体点火后火焰均以点火源为中心向四周球形扩展，不稳定性现象主要是火焰表面裂纹结构的出现和发展，这是热-质扩散不稳定性和流体动力学不稳定性作用的结果。热-质扩散不稳定性通常用刘易斯数来表征。图 5-79 给出了不同初始条件下氨气/氧气混合物的刘易斯数，由图可知，贫燃时，刘易斯数小于 1，质量扩散强于热量扩散，火焰趋于失稳；富燃时，刘易斯数大于 1，热量扩散强于质量扩散，火焰不稳定性得到抑制。

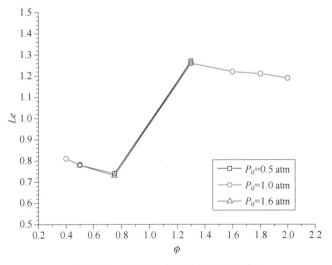

图 5-79　氨气/氧气混合物刘易斯数

流体动力学不稳定性可以用火焰厚度来表征，图 5-80 给出了不同初始压力条件下氨气/氧气混合物火焰厚度与当量比的关系。由图可知，在常压下，氨气/氧气混合物火焰厚度在当量比为 1.0 时取得最小值，当量比从 1.0 增加到 2.0 时，火焰厚度从 0.02 mm 增加到 0.103 mm，当量比从 1.0 减小到 0.4 时，火焰厚度从 0.02 mm 增加到 0.039 mm。对于不同初始压力下的氨气/氧气混合物火焰厚度与当量比的关系，火焰厚度均在当量比为 1.0 时取得最小值，此时流体动力学不稳定性最强，当量比偏离 1.0 时，火焰厚度增加，流体动力学不稳定性减弱。

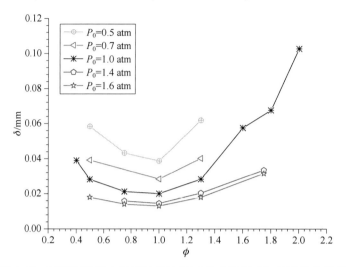

图5-80　不同初始压力下氨气/氧气混合物火焰厚度与当量比的关系

　　临界失稳半径和马克斯坦长度可以表征火焰的整体稳定性，图 5-81 给出了不同初始压力下氨气/氧气混合物火焰在不同当量比时的马克斯坦长度。由图可知，在初始压力为 1.0 atm 时，氨气/氧气混合物马克斯坦长度随当量比的增加而增加，当当量比小于 1.3 时，马克斯坦长度为负，这意味着火焰随着火焰的拉伸而加速，因此，火焰趋于不稳定，可以在纹影图像中观察到氨气/氧气混合物火焰表面的胞格结构，并可得到临界失稳半径数据；在当量比大于 1.6 时，马克斯坦长度为正，当火焰拉伸率增大时，火焰将减速，不稳定性受到抑制，因此，火焰较为稳定，火焰表面较为光滑，与常压下在氨气/氧气火焰传播过程中的观察结果是一致的。我们还研究了其他初始压力下氨气/氧气混合气体的马克斯坦长度与当量比的关系，初始压力为 0.5 atm 时，马克斯坦长度为正值，火焰较为稳定。初始压力为 0.7 atm、1.4 atm 和1.6 atm 时，马克斯坦长度随当量比增加而增加，在某一当量比时，马克斯坦长度由负转正，火焰稳定性增强。

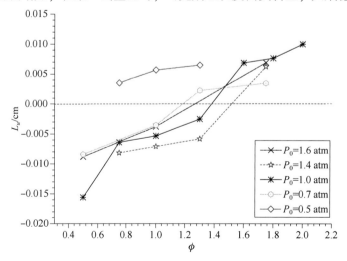

图5-81　不同初始压力下氨气/氧气混合物火焰在不同当量比时的马克斯坦长度

如上所述，对于氨气/氧气混合物，马克斯坦长度为负时，火焰会随着火焰的拉伸而加速，火焰表现为不稳定，其特征是火焰表面出现褶皱，并迅速增加，最后发展为胞格状结构，此时存在临界失稳半径可以用来衡量火焰整体的稳定性。图 5-82 给出了不同初始压力下氨气/氧气混合物火焰在不同当量比时的临界失稳半径。由图可知，在常压下，当量比为 0.5 时，临界失稳半径最小为 2.41 cm，当当量比偏离 0.5 时，临界失稳半径增加。当量比从 0.2 增加到 0.5，临界失稳半径不断降低，说明火焰整体稳定性下降；当量比继续增加到 1.3，临界失稳半径不断增大，火焰整体稳定性上升，当量比继续增加到 1.6 时，火焰保持稳定，传播过程中未观察到失稳现象。在初始压力为 0.7 atm、1.4 atm 和 1.6 atm 时，随着当量比从 0.5 增加到 1.75，临界失稳半径越来越大，直到火焰稳定不再存在临界失稳半径。

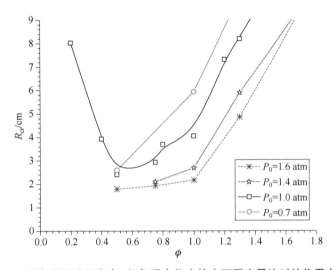

图 5-82　不同初始压力下氨气/氧气混合物火焰在不同当量比时的临界火焰半径

（2）初始压力的影响

图 5-83 给出了理论当量比下氨气/氧气混合物在不同初始压力下的火焰图像。由图可知，在初始压力为 0.5 atm 时，火焰表面始终保持光滑；在初始压力为 0.7 atm 时，火焰在半径 6 cm 处表面仍保持光滑状态；当初始压力为 1.0 atm、1.2 atm 和 1.5 atm 时，火焰表面都出现了明显的裂纹，初始压力越大，火焰表面的裂纹数量越多，不稳定现象越明显。

氨气/氧气混合物火焰不稳定性主要由热-质扩散不稳定性和流体动力学不稳定性主导，由于热-质扩散不稳定性对压力极不敏感，因此，初始压力对火焰稳定性的影响主要体现在流体动力学不稳定性上。我们对不同初始压力下氨气/氧气混合物的流体动力学不稳定性表征参数火焰厚度进行了研究，在不同当量比时的氨气/氧气混合物中，火焰厚度随初始压力的变化如图 5-84 所示。从图中可以看出，对于理论当量比时的氨气/氧气混合物，随着初始压力从 0.3 atm 增加到 1.6 atm，火焰厚度从 0.07 mm 单调地减小到 0.013 mm。对于所有当量比条件下的氨气/氧气混合物火焰，火焰厚度均随初始压力的增大而单调减小。因此，随着初始压力增加，流体动力学不稳定性增强，火焰稳定性减弱。在初始压力为 0.5 atm 时，即使氨气/氧气混合物当量比小于 1，Le 小于 1，火焰表面始终保持光滑，这是由于此时的火焰厚度较大，曲

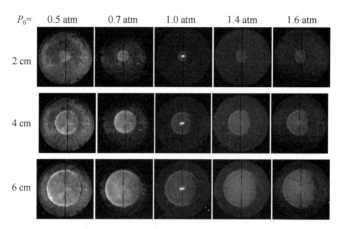

图5-83　不同初始压力下氨气/氧气混合物火焰图像（$\phi=1.0$）

率对火焰的稳定作用较强，热-质扩散不稳定性受到抑制，随着初始压力从 0.5 atm 增加到 1.6 atm，火焰厚度急剧下降，流体动力学不稳定性增强，在混合气体当量比为 1.3 时，热-质扩散起稳定作用，但在流体动力学不稳定性的影响下，火焰表面仍出现不稳定现象。

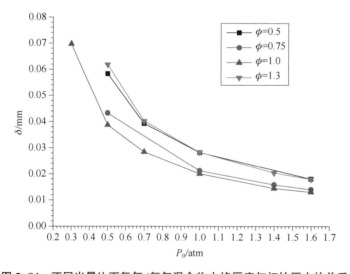

图5-84　不同当量比下氨气/氧气混合物火焰厚度与初始压力的关系

　　氨气/氧气混合物火焰马克斯坦长度随初始压力的变化情况如图5-85所示。在当量比为 0.5 时，马克斯坦长度为负，火焰不稳定；对于当量比大于 0.7 的混合物，随着初始压力从0.3 atm增加到 1.6 atm，马克斯坦长度从正值减小到负值，火焰从稳定火焰转变为不稳定火焰。图5-86给出了不同当量比下氨气/氧气混合物火焰临界失稳半径随初始压力的变化情况，由图可知，随着初始压力的增加，临界失稳半径单调减小，火焰稳定性减弱。总的来说，随着初始压力的增加，氨气/氧气混合物火焰稳定性逐渐减弱，火焰表面不稳定程度增强，与从火焰图像中观察到的结果一致。

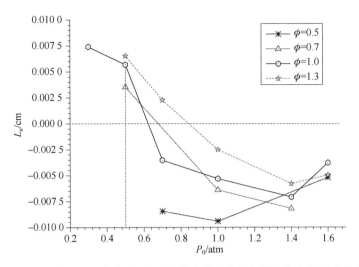

图 5-85   不同当量比下氢气/氧气混合物火焰马克斯坦长度与初始压力的关系

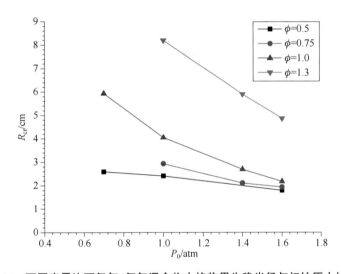

图 5-86   不同当量比下氢气/氧气混合物火焰临界失稳半径与初始压力的关系

5.11   氢气/氨气/空气混合物层流燃烧速度研究

氢气和氨气单独作为燃料使用时都存在着诸多问题。氨气存在燃烧强度低、可燃范围较窄、层流燃烧速度低和火焰温度低等问题，难以直接作为燃料使用。而氢气恰恰相反，氢气反应活性高、燃烧速度快，但是纯氢气存在价格昂贵、储存和运输困难等缺点。将氢气和氨气进行组合形成复合燃料体系能够有效地解决这些问题，国外已经有学者针对氢气/氨气复合燃料/空气混合物的层流燃烧特性开展了研究，但已有的实验数据非常有限，氢气/氨气复合燃料体系的开发和利用需要更多准确可靠的基础燃烧数据提供支持。

本节对氢气/氨气/空气混合物的层流燃烧特性进行了研究，利用建立的层流燃烧特性研究实验系统，开展了燃料配比 $x = 0.5 \sim 2.0$、当量比 $\phi = 0.5 \sim 1.5$ 和初始压力 $P_0 = 0.5 \sim$

1.5 atm 范围变化的氢气/氨气/空气混合物火焰传播实验。

5.11.1 燃料配比对火焰传播过程及层流燃烧速度的影响

图 5-87 所示为初始压力 $P_0 = 1.0$ atm，当量比 $\phi = 1.0$ 的情况下，氢气/氨气/空气混合物在不同燃料配比时火焰传播的纹影图像，燃料配比 x 为氢气与氨气体积比，x 越大，代表着燃料中氢气组分占比越大。由图可知，燃料配比对火焰传播速度的影响较为显著，随着燃料配比的增大，相同时间内火焰传播的距离显著增大，说明火焰传播速度随着燃料配比的增大而增大。

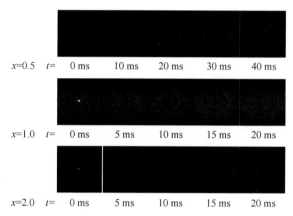

图 5-87 不同燃料配比下氨气/氢气/空气混合物火焰传播纹影图像（$P_0 = 1.0$ atm，$\phi = 1.0$）

由火焰图像可以得到混合气体的火焰传播轨迹，氢气/氨气/空气混合物火焰半径与时间的关系如图 5-88 所示。从图中可以看出，在燃料配比为 0.5 时，火焰传播至 6 cm 处经历了大约 35 ms；当燃料配比为 1.0 时，火焰传播至 6 cm 处花费了大约 19.7 ms；随着燃料配比增大为 2.0 时，火焰传播至 6 cm 处经历的时间缩短为 11.2 ms。以上说明随着燃料配比的增大，火焰传播速度明显增大。

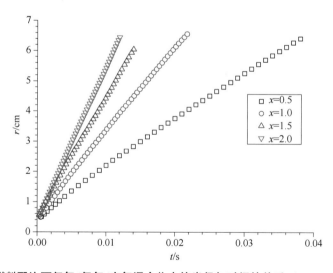

图 5-88 不同燃料配比下氢气/氨气/空气混合物火焰半径与时间的关系（$P_0 = 1.0$ atm，$\phi = 1.0$）

火焰拉伸率表现为在火焰传播过程中，火焰表面上一点无限小面积的对数值的变化对时间变化的响应，即 $k = \dfrac{\alpha \ln(A)}{\alpha t}$。图 5-89 给出了初始压力 $P_0 = 1.0$ atm，当量比 $\phi = 1.0$ 的条件下，氢气/氨气/空气混合物拉伸率与火焰半径的关系。由图可知，在火焰发展初期，拉伸率较大，随着火焰的传播，拉伸率逐渐减小。在燃料配比为 0.5 时，在火焰半径 1 cm 处，拉伸率大约为 400（1/s），随着火焰传播至半径 6 cm 处，拉伸率降低为大约 50（1/s）。随着燃料配比的增大，拉伸率随火焰半径的变化曲线整体上移，说明拉伸率增大，在燃料配比为 2.0 时，随着火焰从半径 1 cm 处传播至 6 cm 处，拉伸率从 1 000（1/s）降低为大约 170（1/s）。

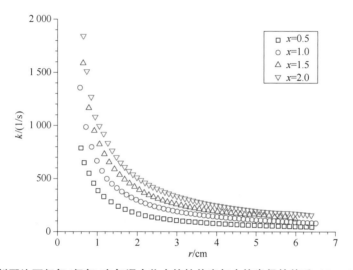

图 5-89　不同燃料配比下氢气/氨气/空气混合物火焰拉伸率与火焰半径的关系（$P_0 = 1.0$ atm，$\phi = 1.0$）

利用火焰传播轨迹提取出已燃气体的拉伸火焰传播速度，再根据火焰膨胀关系可以得到火焰面相对于未燃气体的拉伸火焰传播速度。图 5-90 给出了常压下不同燃料配比时氢气/氨气/空气混合物层流燃烧阶段拉伸火焰传播速度（火焰面相对于未燃气体的运动速度）与拉伸率的关系，并对二者之间的非线性关系进行了拟合。由图可知，在当量比为 0.5、0.8 和 1.0 时，不同燃料配比下的氢气/氨气/空气混合物拉伸火焰传播速度均随拉伸率的增大而逐渐增大；在当量比为 1.2 和 1.5 时，随着拉伸率的增大，拉伸火焰传播速度呈现出下降的趋势。对于不同当量比下的氢气/氨气/空气混合物，随着燃料配比的增大，拉伸火焰传播速度与拉伸率的关系曲线整体上移，说明拉伸火焰传播速度增大。

图 5-91 给出了不同初始条件下氢气/氨气/空气混合物的层流燃烧速度，并给出了层流燃烧速度与燃料配比之间的关系。从图中可以看出，不同初始压力和当量比条件下的复合燃料/空气混合物层流燃烧速度均随燃料配比的增加而单调增大。对于常压下理论当量比时的氢气/氨气/空气混合物，随着燃料配比从 0.5 增大到 2.0，层流燃烧速度从 0.195 m/s 升高到 0.731 m/s，增大幅度近 275%。

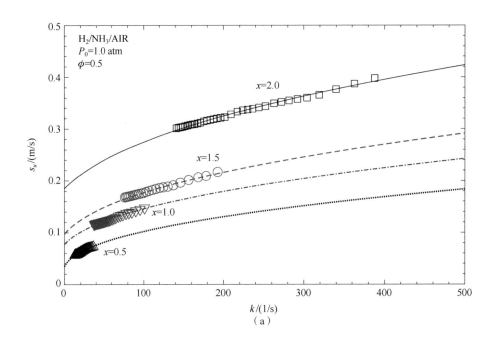

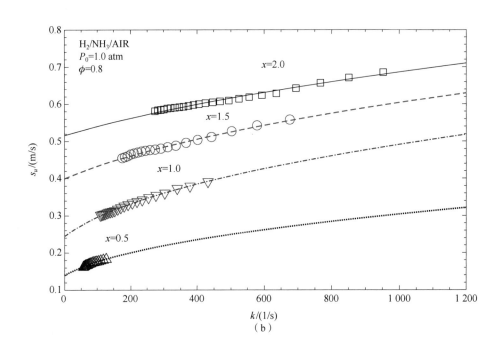

图 5-90 不同燃料配比下氢气/氨气/空气混合物拉伸火焰传播速度与拉伸率的关系

（a）$\phi=0.5$；（b）$\phi=0.8$

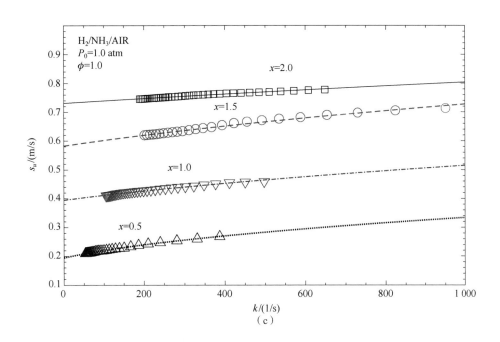

（c）

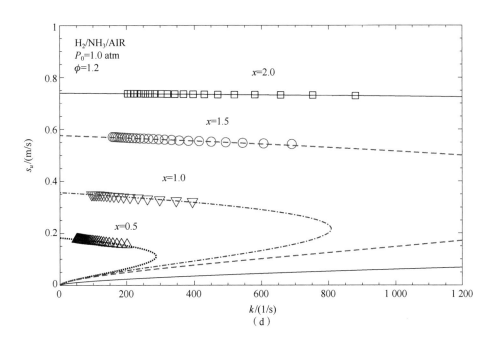

（d）

图 5-90　不同燃料配比下氢气/氨气/空气混合物拉伸火焰传播速度与拉伸率的关系（续）

（c）$\phi=1.0$；（d）$\phi=1.2$

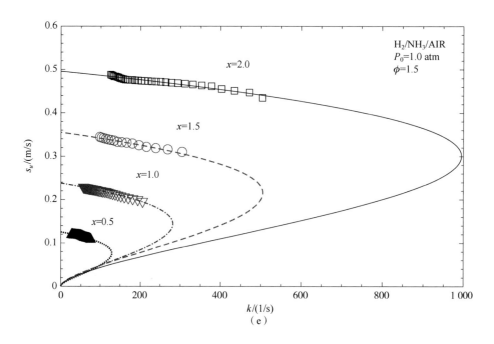

图5-90 不同燃料配比下氢气/氨气/空气混合物拉伸火焰传播速度与拉伸率的关系（续）

（e）$\phi = 1.5$

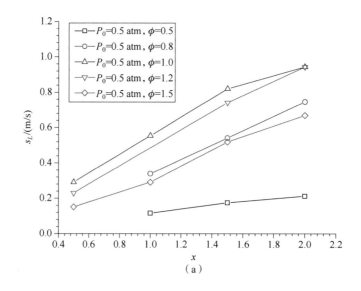

图5-91 氢气/氨气/空气混合物层流燃烧速度与燃料配比的关系

（a）$P_0 = 0.5$ atm

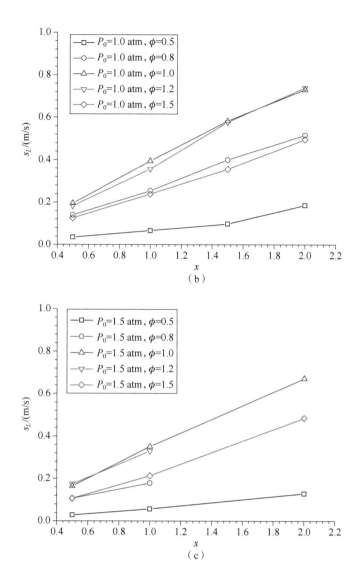

图 5-91　氢气/氨气/空气混合物层流燃烧速度与燃料配比的关系

（b）$P_0 = 1.0$ atm；（c）$P_0 = 1.5$ atm

　　为了更直观地反映复合燃料体系中氢气比例对层流燃烧速度的影响，图 5-92 给出了常压下氢气/氨气/空气混合物层流燃烧速度与氢气比例的关系，其中氢气比例 $X_{\mathrm{H_2}}$ 可以表示为：

$$X_{\mathrm{H_2}} = \frac{x}{1+x} \tag{5-53}$$

　　从图 5-92 中可以看出，层流燃烧速度随氢气比例的增大呈指数增大。氢气和氨气反应活性相差很大，氢气在空气中的火焰传播速度远大于氨气，因此复合燃料中氢气组分比例的增加必然会导致混合气体火焰传播速度的增加。同时，氢气的加入明显地扩宽了混合气体的可燃极限，使预混可燃气体可以在较宽的当量比范围内稳定燃烧。

　　详细的化学反应机理是燃烧过程数值计算的基础，对提高燃料燃烧效率、减少污染物排放以及燃烧室结构的设计和优化都具有重要的指导意义。我们首先采用 5 种详细的化学反应机理对常压理论当量比条件下氢气/氨气/空气混合物的层流燃烧速度开展了模拟研究。

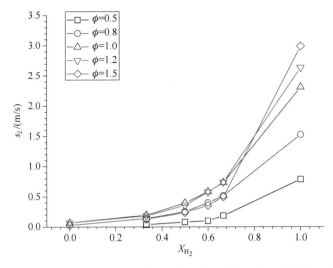

图 5-92　常压下氢气/氨气/空气混合物层流燃烧速度与氢气比例的关系

图 5-93 给出了常压下理论当量比时氢气/氨气/空气混合物层流燃烧速度的实验值、文献值以及理论预测值。从图中可以看出，氢气/氨气/空气混合物层流燃烧速度文献数据较少，且由于实验条件限制，特别是采用误差较大的线性外推方法进行数据后处理，层流燃烧速度的文献值总体偏高。本研究的实验测量值在较大的燃料配比（$x \geq 1.0$）时与 Li 的结果吻合较好，但在低燃料配比（$x < 1.0$）时，所测结果略低于文献值。GRI-Mech 3.0 适用于天然气燃烧，由于 N 反应（包括 NO 和 NH_2 反应）的不足，可能不适合氢气/氨气/空气火焰的计算，其所得结果总体偏小。采用 Tian 的机理模型得到的结果要高于 GRI-Mech 3.0 所得结果，但总体上仍低于实验测量值。Miller 机理模型预测结果同样不太理想，在低燃料配比（$x < 1.0$）时预测值偏高，而在较高的燃料配比（$x \geq 1.0$）时预测值偏低。Song 和 UT-LCS 机理模型都能很好地预测氢气/氨气/空气的混合物层流燃烧速度，UT-LCS 机理模型是在 Song 的工作基础上，通过对 NH_2、HNO、N_2H_2 等相关基元反应的改进而成的，其所得结果与实验测量值的最大偏差在 0.03 m/s 以内，Song 机理模型所得结果最大偏差 0.04 m/s。相比而言，UT-LCS 机理模型所得结果与实验结果一致性更好。

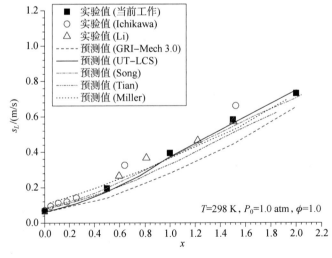

图 5-93　氢气/氨气/空气混合物层流燃烧速度的实验值与理论预测值

接下来采用预测能力较好的 Song 机理模型和 UT-LCS 机理模型对贫燃和富燃情况下，不同燃料配比时的氢气/氨气/空气混合物层流燃烧速度进行了数值模拟计算，实验结果与模拟结果如图 5-94 所示。由图可知，在当量比为 0.8 时，两种机理的计算结果相差不大，均能较好地对层流燃烧速度进行预测。在当量比为 1.2 时，UT-LCS 机理模型对高燃料配比（$x \geqslant 1.5$）情况的预测结果偏高，Song 机理模型结果更接近于实验结果，但在较低的燃料配比（$x \leqslant 1.0$）时，UT-LCS 机理模型所得结果与实验结果吻合得更好。

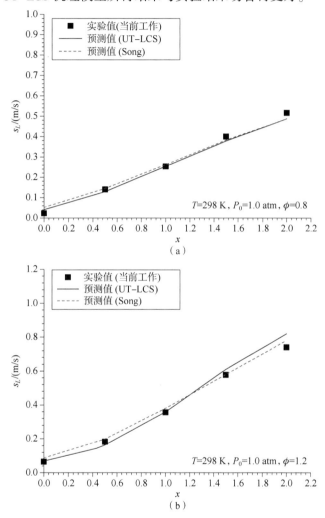

图 5-94　氢气/氨气/空气混合物层流燃烧速度实验结果与预测结果的对比

5.11.2　当量比对火焰传播过程及层流燃烧速度的影响

图 5-95 给出了燃料配比 $x = 1.0$，初始压力 $P_0 = 1.0$ atm 的情况下，氢气/氨气/空气混合物在不同当量比时火焰传播的纹影图像。从图中可以看出，复合燃料/空气混合物在当量比为 0.5 时火焰传播最慢；当当量比增大到 1.0 时，火焰在相同时间内传播的距离明显增大，说明火焰传播速度增大；而随着当量比进一步增加到 1.5 时，火焰在相同时间内传播的距离明显减小，说明火焰传播速度下降。因此，氢气/氨气/空气混合物的火焰传播速度并非随当量比的增加单调变化，而是先增后减。

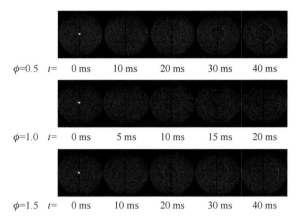

图 5-95 不同当量比下氢气/氨气/空气混合物火焰传播的纹影图像（$x=1.0$，$P_0=1.0$ atm）

图 5-96 给出了不同当量比下氢气/氨气/空气混合物火焰半径与时间的关系。由图可知，在燃料配比 $x=1.0$，初始压力 $P_0=1.0$ atm 的情况下，混合气体在当量比为 0.5 时，火焰半径随时间的增长速度最慢，此时火焰传播速度最小。随着当量比从 0.5 增大为 1.0，火焰传播 6 cm 所用的时间从 79 ms 缩短至 19.7 ms，说明火焰传播速度增大，随着当量比的进一步增加，火焰传播至相同半径处所用的时间增大，说明火焰传播速度减小。

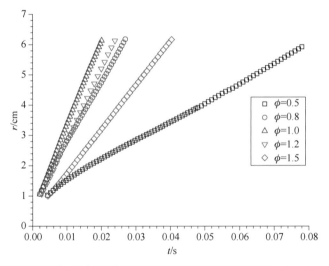

图 5-96 不同当量比下氢气/氨气/空气混合物火焰半径与时间的关系（$x=1.0$，$P_0=1.0$ atm）

图 5-97 给出了在燃料配比 $x=1.0$，初始压力 $P_0=1.0$ atm 的情况下，不同当量比时的氢气/氨气/空气混合物火焰拉伸率与火焰半径的关系。由图可知，在当量比为 0.5 时，随着火焰半径从 1 cm 增大为 3 cm，火焰拉伸率从 200（1/s）骤降至接近 40（1/s），而随着火焰半径进一步增大为 6 cm，火焰拉伸率逐渐减小为大约 23（1/s），下降的程度减缓；在当量比为 1.5 时，火焰从 1 cm 传播到 6 cm 过程中，火焰拉伸率从 225（1/s）下降到接近 48（1/s），整体下降趋势较为平缓；在当量比为 1.0 时，火焰在相同半径处的拉伸率最大，在火焰半径 1 cm 处，拉伸率大约为 670（1/s），随着火焰传播至半径 6 cm 处，拉伸率下降到接近 90（1/s）。因此，随着当量比的增大，火焰在相同半径处的拉伸率呈现出先增大后减小的变化趋势，在理论当量比时最大。

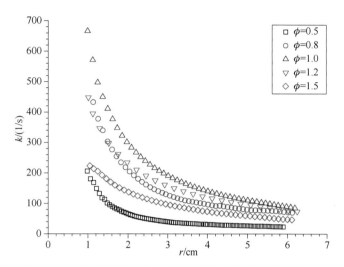

图 5-97　不同当量比下氢气/氨气/空气混合物火焰拉伸率与火焰半径的关系（$x=1.0$，$P_0=1.0$ atm）

图 5-98 给出了常压下不同当量比时氢气/氨气/空气混合物层流燃烧阶段拉伸火焰传播速度与拉伸率的关系。由图可知，随着火焰拉伸率的增大，不同当量比下的混合气体拉伸火焰传播速度呈现出不同的变化趋势。对于燃料配比 $x=0.5\sim2.0$ 范围变化的氢气/氨气/空气混合物，在当量比为 0.5、0.8 和 1.0 时，随着拉伸率的增加，拉伸火焰传播速度均呈现出上升的趋势，且当量比越小，上升趋势越明显；随着当量比增加为 1.2，拉伸火焰传播速度随拉伸率的变化趋势发生改变，随着拉伸率的增加，拉伸火焰传播速度逐渐下降；随着当量比进一步增加为 1.5，拉伸火焰传播速度随拉伸率的增加仍然呈现出下降的趋势，但下降趋势相对于当量比 1.2 时更明显。

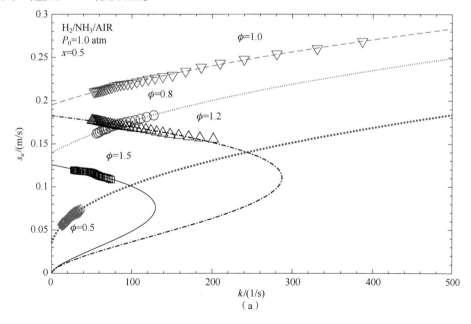

图 5-98　不同当量比下氢气/氨气/空气混合物拉伸火焰传播速度与拉伸率的关系

（a）$x=0.5$

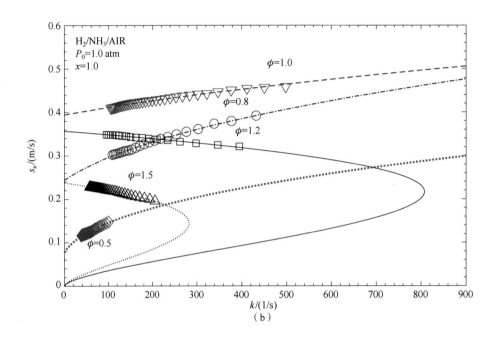

（b）

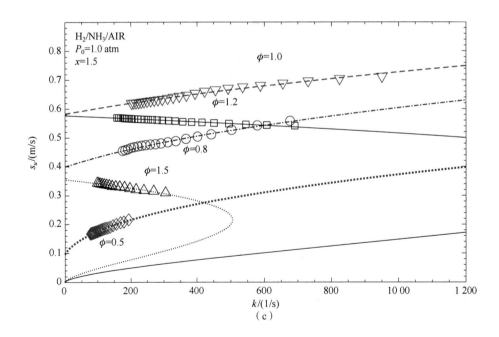

（c）

图 5-98 不同当量比下氢气/氨气/空气混合物拉伸火焰传播速度与拉伸率的关系（续）

（b）$x=1.0$；（c）$x=1.5$

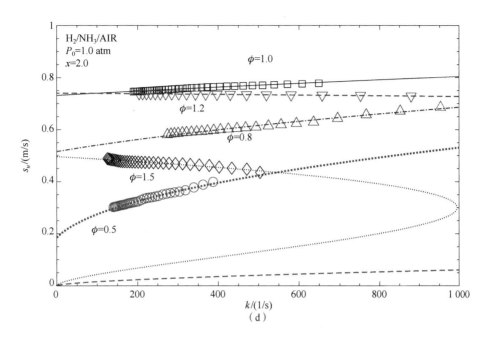

图 5-98　不同当量比下氢气/氨气/空气混合物拉伸火焰传播速度与拉伸率的关系（续）

（d）$x=2.0$

图 5-99 给出了不同初始压力和燃料配比条件下氢气/氨气/空气混合物的层流燃烧速度与当量比的关系。从图中可以看出，随着当量比的增大，不同初始压力和燃料配比条件下的氢气/氨气/空气混合物的层流燃烧速度均呈现出先增大后减小的趋势，最大层流燃烧速度出现在 1.0~1.2 的当量比范围内。在常压下燃料配比为 0.5 时，随着当量比从 0.5 增加到 1.0，层流燃烧速度从 0.035 m/s 增加到峰值 0.195 m/s，随着当量比进一步增加到 1.5，层流燃烧速度减小为 0.126 m/s；在常压下燃料配比为 2.0 时，层流燃烧速度峰值出现在当量比 1.2 时，随着当量比从 1.2 降低到 0.5，层流燃烧速度从 0.74 m/s 减小为 0.185 m/s，随着当量比从 1.2 增加到 1.5，层流燃烧速度从 0.74 m/s 减小为 0.496 m/s。

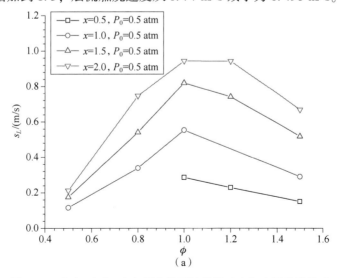

图 5-99　氢气/氨气/空气混合物层流燃烧速度与当量比的关系

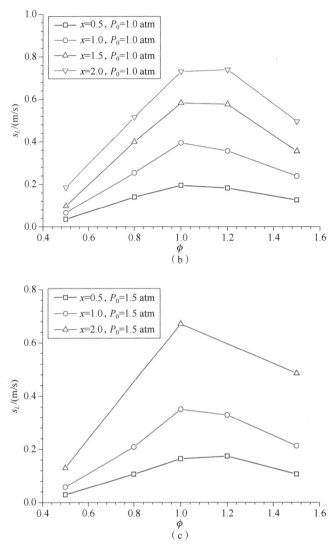

图 5-99 氢气/氨气/空气混合物层流燃烧速度与当量比的关系（续）

图 5-100 为常压下在不同当量比时，氢气/氨气/空气混合物层流燃烧速度的实验结果和预测结果的对比，模拟计算采用 UT-LCS 机理模型。由图可知，在燃料配比为 0.5 时，预测值总体偏低，最大偏差 0.02 m/s。在燃料配比为 1.0 和 1.5 时，UT-LCS 机理模型可以较好地预测实验结果。

5.11.3　初始压力对火焰传播过程及层流燃烧速度的影响

为了研究初始压力对复合燃料/空气混合物层流燃烧特性的影响，对初始压力在 0.5~1.5 atm 范围变化的火焰传播过程进行了实验研究。图 5-101 给出了在燃料配比 $x=1.0$，当量比 $\phi=1.0$ 的情况下，复合燃料/空气混合物在不同初始压力（0.5 atm、1.0 atm 和 1.5 atm）时火焰传播的纹影图像。由图可知，在初始压力为 0.5 atm 时，火焰传播最快，随着初始压力的

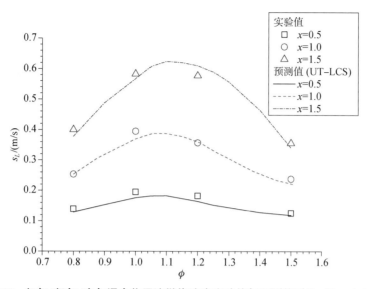

图 5-100　氢气/氨气/空气混合物层流燃烧速度实验值与预测值对比（$P_0 = 1.0$ atm）

增加，20 ms 时刻火焰火焰半径明显减小，说明拉伸火焰传播速度降低。

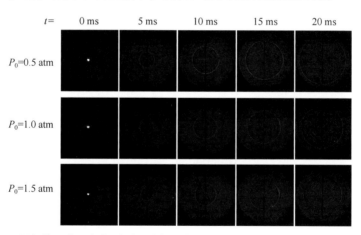

图 5-101　不同初始压力下氢气/氨气/空气混合物火焰传播的纹影图像（$x = 1.0$，$\phi = 1.0$）

　　图 5-102 给出了在燃料配比 $x = 1.0$，当量比 $\phi = 1.0$ 的情况下，氢气/氨气/空气混合物在不同初始压力时火焰半径与时间的关系。由图可知，随着初始压力从 0.5 atm 增大到 1.5 atm，火焰传播到半径 6 cm 处所用的时间从 15.8 ms 延长至 20.9 ms，说明拉伸火焰传播速度随着初始压力的增大呈现出下降的趋势。

　　图 5-103 给出了在燃料配比 $x = 1.0$，当量比 $\phi = 1.0$ 的情况下，氢气/氨气/空气混合物在不同初始压力时拉伸率与火焰半径的关系。由图可知，随着火焰的传播，火焰拉伸率逐渐减小。当初始压力为 0.5 atm 时，随着火焰从半径 1 cm 传播到半径 6 cm 处，拉伸率从 760（1/s）下降到接近 108（1/s）。随着初始压力的增大，火焰在相同半径处的拉伸率略微减小，当初始压力为 0.5 atm、1.0 atm 和 1.5 atm 时，火焰在半径 3 cm 处的拉伸率分别为

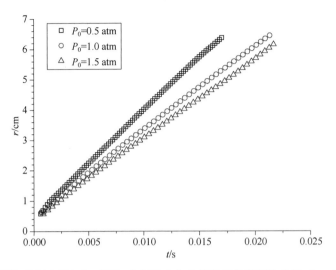

图 5-102 不同初始压力下氢气/氨气/空气混合物火焰半径与时间的关系（$x=1.0$，$\phi=1.0$）

235（1/s）、191（1/s）和 173（1/s）。

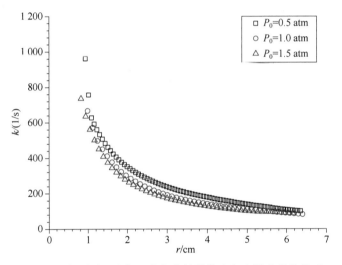

图 5-103 不同初始压力下氢气/氨气/空气混合物火焰拉伸率与火焰半径的关系（$x=1.0$，$\phi=1.0$）

图 5-104 给出了理论当量比和初压时氢气/氨气/空气混合物层流燃烧阶段拉伸火焰传播速度与拉伸率的关系。由图可知，对于燃料配比 0.5~2.0 范围变化的氢气/氨气/空气混合物，在初始压力为 0.5 atm 时，随着拉伸率的增加，拉伸火焰传播速度逐渐减小；当初始压力增加为 1.0 atm 时，拉伸火焰传播速度随拉伸率的变化趋势改变，随着拉伸率的增加，拉伸火焰传播速度呈现出上升的趋势；随着初始压力进一步增加到 1.5 atm 时，拉伸火焰传播速度随拉伸率的增加仍然呈现出上升的趋势，且上升趋势相对于初始压力 1.0 atm 时更加明显。

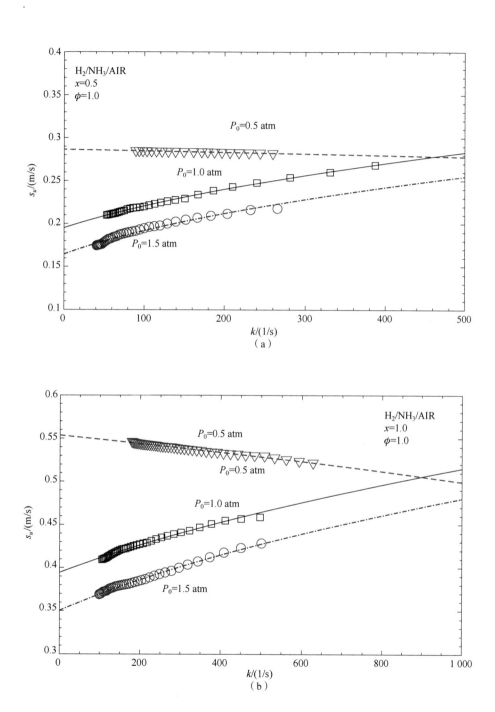

图 5-104 不同初始压力下氢气/氨气/空气混合物拉伸火焰传播速度与拉伸率的关系

（a）x = 0.5；（b）x = 1.0

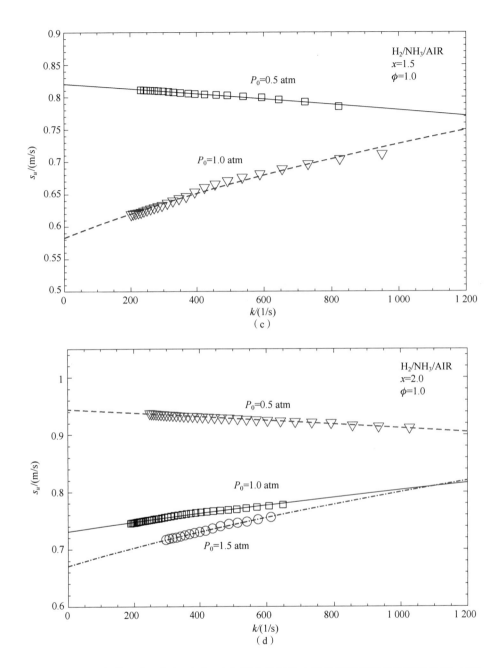

图 5-104 不同初始压力下氢气/氨气/空气混合物拉伸火焰传播速度与拉伸率的关系（续）

（c）$x=1.5$；（d）$x=2.0$

图 5-105 给出了不同当量比和燃料配比条件下氢气/氨气/空气混合物层流燃烧速度与初始压力的关系。从图中可以看出，混合气体层流燃烧速度随着初始压力的增加而逐渐减小，与氨气/空气混合物层流燃烧速度的变化趋势一致。在燃料配比为 0.5 时，随着初始压力从 0.5 atm 增大到 1.5 atm，理论当量比下的氢气/氨气/空气混合物层流燃烧速度从 0.291 m/s 减小为 0.165 m/s；在燃料配比为 2.0 时，随着初始压力从 0.5 atm 增大到 1.5 atm，理论当量比下的混合气体层流燃烧速度从 0.944 m/s 减小为 0.671 m/s。

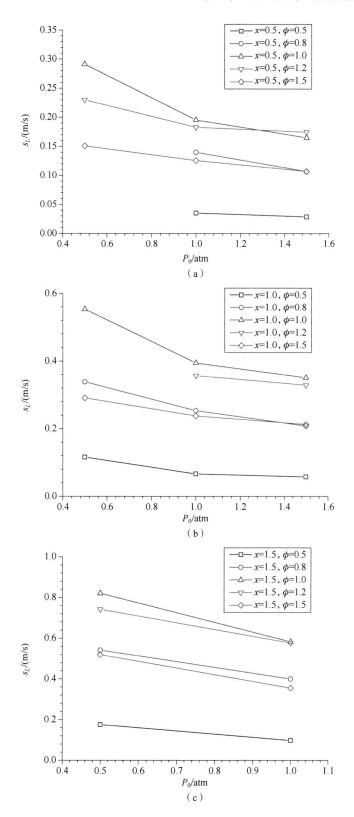

图 5-105　氢气／氨气／空气混合物层流燃烧速度与初始压力的关系

（a）$x=0.5$；（b）$x=1.0$；（c）$x=1.5$

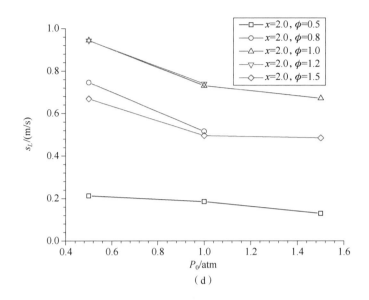

图 5-105　氢气/氨气/空气混合物层流燃烧速度与初始压力的关系（续）

（d）$x=2.0$

图 5-106 为理论当量比时，不同初始压力下氢气/氨气/空气混合物层流燃烧速度实验值和预测值的对比，同样采用 UT-LCS 机理模型进行的模拟计算。由图可知，在初始压力为 0.5 atm 时，预测值总体偏低。在初始压力为 1.0 atm 和 1.5 atm 时，预测结果与实验结果较为吻合。

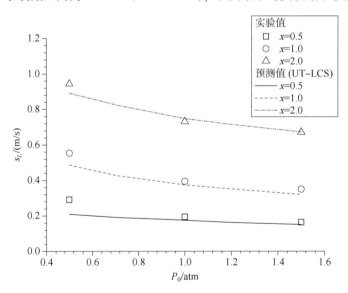

图 5-106　氢气/氨气/空气混合物层流燃烧速度实验值与预测值对比（$\phi=1.0$）

5.11.4　氢气/氨气/空气混合物火焰稳定性研究

由于较窄的可燃极限和较低的燃烧速度，氨气/空气火焰很难稳定传播，给氨燃料的应用带来了很大困难。我们考虑将氨气与氢气进行组合来改善各自的燃烧性能，对氢气/氨气/氧化剂混合物火焰的稳定性开展研究，主要分析燃料配比、当量比和初始压力对火焰稳定性的影响。

（1）燃料配比对氢气/氨气/空气混合物火焰稳定性的影响

图 5-107 给出了不同燃料配比下氢气/氨气/空气混合物的火焰图像，燃料配比定义为氢气与氨气的体积比，燃料配比越大，复合燃料中氢气组分比例越大。图 5-107（a）所示为当量比 $\phi=0.5$，初始压力 $P_0=1.0$ atm 条件下氢气/氨气/空气混合物在不同燃料配比时的火焰图像。由图可知，在燃料配比为 0.5 时，火焰在传播到一定半径后整体向上飘移，火焰形状改变；在燃料配比增加到 1.0 后，火焰呈近似球形传播，火焰表面很早就形成了胞格状结构；在燃料配比为 1.5 和 2.0 时，火焰表面同样出现了明显的胞格状结构。图 5-107（b）所示为当量比 $\phi=1.0$，初始压力 $P_0=1.0$ atm 条件下氢气/氨气/空气混合物在不同燃料配比时的火焰图像。由图可知，不同燃料配比下的混合气体均以点火源为中心呈球形向外扩展。在燃料配比为 0.5 时，火焰表面较为光滑，仅观察到一些由于点火扰动产生的裂纹，这些裂纹并没有随着火焰的发展而分裂；在燃料配比为 1.0、1.5 和 2.0 时，火焰初期产生的裂纹在传播到一定距离后分裂增加，在半径 6 cm 处观察到大量的裂纹，且燃料配比越大，裂纹数量越多。

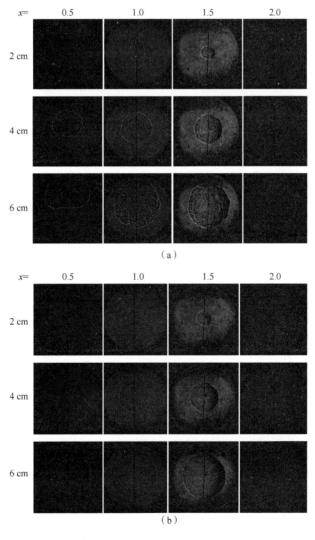

图 5-107　不同燃料配比下氢气/氨气/空气混合物火焰传播图像

（a）$\phi=0.5$，$P_0=1.0$ atm；（b）$\phi=1.0$，$P_0=1.0$ atm

在氨气/空气中加入氢气之后，火焰传播速度得到提升，仅在燃料配比为 0.5，当量比较小时，观察到火焰上浮现象，这是体积力不稳定性作用的结果。当增加燃料配比或者提高当量比后，火焰传播速度得到进一步提升，体积力不稳定性的影响逐渐减弱，混合气体点火后，火焰均以点火源为中心呈近似球形向四周扩展，此时不稳定现象表现为火焰表面裂纹的产生和胞格状结构的形成，这是热-质扩散不稳定性和流体动力学不稳定性作用的结果。热-质扩散不稳定性可以由热扩散系数与质量扩散系数之比刘易斯数来表征，复合燃料刘易斯数的计算方法并不统一，本节利用 5.7.4 节所述的基于体积和基于扩散的方法来获取氢气/氨气/空气混合物的刘易斯数，基于扩散法在贫燃时获得的刘易斯数略微低于基于体积法得到的结果，但整体趋势相同。图 5-108 给出了不同初始压力和当量比条件下的氢气/氨气/空气混合物刘易斯数与燃料配比的关系，从图中可以看出，初始压力对刘易斯数的影响微乎其微。在不同的当量比条件下，随着燃料配比的增加，混合气体的刘易斯数呈现出不同的变化趋势，贫燃时刘易斯数随着燃料配比的增加而逐渐减小，富燃时刘易斯数随着燃料配比的增加而逐渐增大，但燃料配比的增加并不能改变热-质扩散因素对火焰的作用状态，因此燃料配比对氢气/氨气/空气混合物热-质扩散不稳定性的影响有限。

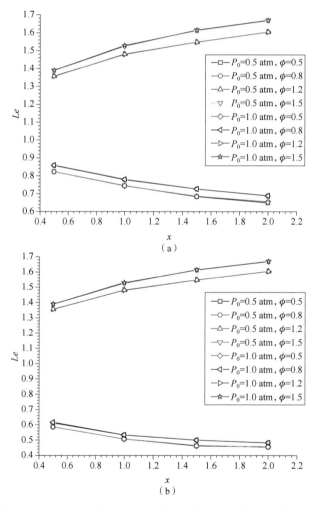

图 5-108　氢气/氨气/空气混合物刘易斯数与燃料配比的关系
（a）基于体积；（b）基于扩散

火焰的流体动力学不稳定性主要是由于热膨胀引起的，可以由火焰厚度来表征，火焰厚度越大，越容易抑制火焰的不稳定性。图 5-109 给出了不同初始压力和当量比条件下的氢气/氨气/空气混合物火焰厚度与燃料配比的关系。由图可知，对于不同初始压力和当量比条件下的氢气/氨气/空气混合物，其火焰厚度均随燃料配比的增加而单调减小，因此燃料配比越大，也就是复合燃料中氢气组分比例越大，流体动力学不稳定性越强。

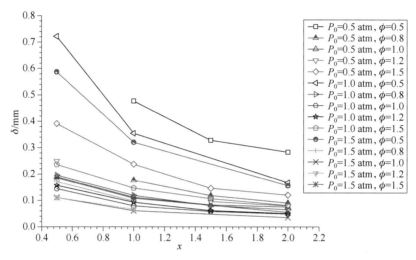

图 5-109　氢气/氨气/空气混合物火焰厚度与燃料配比的关系

火焰整体稳定性通常用马克斯坦长度来表征，图 5-110 给出了不同初始压力和当量比条件下氢气/氨气/空气混合物马克斯坦长度与燃料配比的关系，从图中可以看出，在不同的初始压力和当量比条件下，复合燃料/空气混合物随着燃料配比的增加，呈现出不同的变化趋势。在较大的当量比时，马克斯坦长度多为正值，随着燃料配比的增加，马克斯坦长度逐渐减小；在较小的当量比时，马克斯坦长度多为负值，随着燃料配比的增加，马克斯坦长度逐渐增大。针对所研究的燃料配比范围，燃料配比的增加并不能改变马克斯坦长度的符号。火焰在传播过程中，表面出现褶皱，加速失稳，存在临界失稳半径。临界失稳半径可以表征火焰失去稳定性的难易程度，临界失稳半径越大，火焰越不容易失稳。

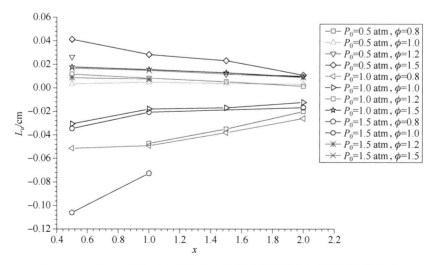

图 5-110　氢气/氨气/空气混合物火焰马克斯坦长度与燃料配比的关系

图 5-111 给出了不同初始压力和当量比条件下氢气/氨气/空气混合物火焰临界失稳半径与燃料配比的关系，从图中可以看出，随着燃料配比的增加，临界失稳半径逐渐降低，因此燃料配比越大，也就是复合燃料中氢气组分比例越大，火焰越容易失稳，火焰稳定性越弱。

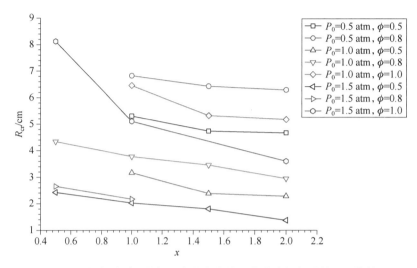

图 5-111　氢气/氨气/空气混合物火焰临界失稳半径与燃料配比的关系

（2）当量比对火焰稳定性的影响

图 5-112 给出了初始压力 $P_0 = 1.0$ atm，燃料配比 $x = 1.0$ 条件下，氢气/氨气/空气混合物在不同当量比时的火焰图像。由图可知，对于当量比为 0.5 的复合燃料/空气混合物，火焰在半径 4 cm 处表面就已经布满了胞格状结构，在 6 cm 处胞格状结构变得更细、更密；当量比增加为 0.8 时，火焰在 6 cm 处形成较为明显的胞格状结构；在理论当量比时，火焰仅观察到明显的裂纹，尚未形成胞格状结构；在当量比为 1.2 和 1.5 时，火焰表面始终保持光滑。显然，对于氢气/氨气/空气混合物，当量比越大，火焰表面光滑程度越高。

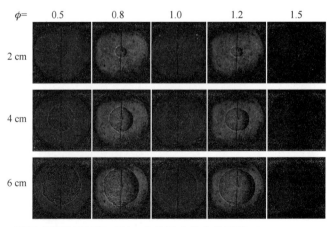

图 5-112　不同当量比下氢气/氨气/空气混合物火焰图像（$P_0 = 1.0$ atm，$x = 1.0$）

　　图 5-113 给出了氢气/氨气/空气混合物刘易斯数与当量比的关系，由图可知，当量比对混合气体刘易斯数具有显著的影响，不同燃料配比和初始压力条件下，氢气/氨气/空气混合物刘易斯数均随着当量比的增加而逐渐增大。贫燃时的氢气/氨气/空气混合物刘易斯数小于 1，质量扩散强于热量扩散，火焰趋于失稳，富燃时刘易斯数大于 1，质量扩散弱于热量扩散，火焰趋于稳定。因此热-质扩散不稳定性对氢气/氨气/空气火焰不稳定性的影响仅体现在贫燃情况下，富燃时热-质扩散作用有利于火焰稳定。

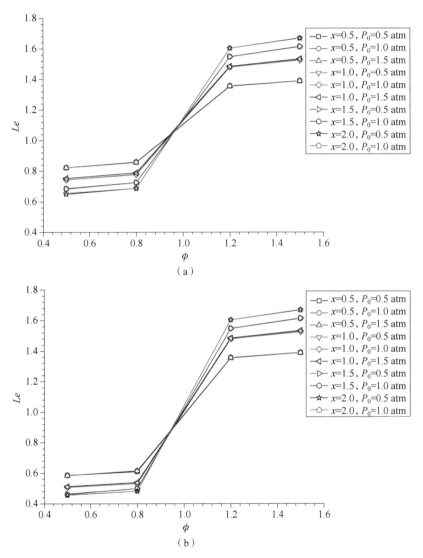

图 5-113　氢气/氨气/空气混合物刘易斯数与当量比的关系

　　图 5-114 给出了氢气/氨气/空气混合物在不同初始条件下的火焰厚度随当量比的变化。由图可知，随着当量比的增加，火焰厚度先快速降低后逐渐增大，在理论当量比时取得最小值，此时流体动力学不稳定性最强。

　　图 5-115 所示为不同初始条件下氢气/氨气/空气混合物的马克斯坦长度随当量比的变化。

由图可知，随着当量比的增加，复合燃料/空气混合物马克斯坦长度逐渐增加。贫燃时，混合物马克斯坦长度为负值，火焰趋于失稳，富燃时，马克斯坦长度多为正值，火焰较为稳定。

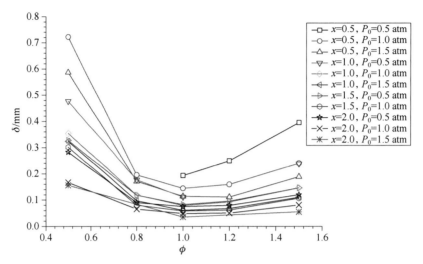

图 5-114　氢气/氨气/空气混合物火焰厚度与当量比的关系

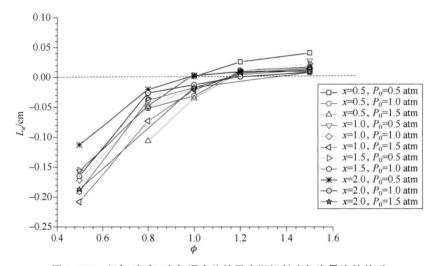

图 5-115　氢气/氨气/空气混合物的马克斯坦长度与当量比的关系

图 5-116 给出了不同燃料配比和初始压力条件下的氢气/氨气/空气混合物火焰临界失稳半径与当量比的关系，由图可知，临界失稳半径随当量比的增加而快速增大，当量比增加到一临界值时，火焰保持稳定，不再存在临界失稳半径。因此，当量比对氢气/氨气/空气混合物火焰稳定性的影响较为显著，当量比越大，火焰越不容易失去稳定，火焰整体稳定性越强。

通过以上研究可以发现，氢气/氨气/空气混合物火焰整体稳定性随着当量比的减小而逐渐减弱，但在贫燃时流体动力学不稳定性随当量比的减小而减弱，当量比越小，火焰厚度越大流体动力学因素越有利于火焰稳定，因此，贫燃时复合燃料/空气混合物火焰不稳定性主要由热-质扩散不稳定性主导，富燃时，热-质扩散作用有利于火焰稳定，随着当量比的增加，热-质扩散稳定作用增强，同时流体动力学不稳定性减弱，使得火焰整体稳定性增强。

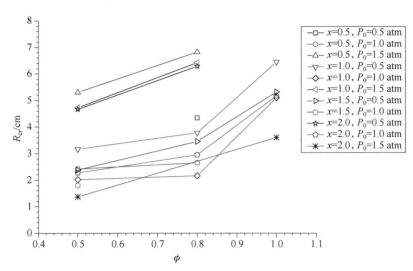

图 5-116　氢气/氨气/空气混合物火焰的临界失稳半径与当量比的关系

（3）初始压力对火焰稳定性的影响

图 5-117 给出了燃料配比 $x=1.0$，当量比 $\phi=1.0$ 条件下，氢气/氨气/空气混合物在不同初始压力时的火焰图像。由图可知，在初始压力为 0.5 atm 时，火焰表面较为光滑，电极点火出现的裂纹在火焰发展过程中并未分裂；当初始压力增加到 1.0 atm 时，火焰初期产生的裂纹随着火焰的发展继续分裂，在半径 6 cm 处火焰表面出现大量裂纹；随着初始压力进一步增加到 1.5 atm 时，火焰表面在较小的半径 4 cm 处就出现了明显的裂纹，随着火焰的发展，裂纹快速分裂，在半径 6 cm 处已经可以观察到细小的胞格状结构。

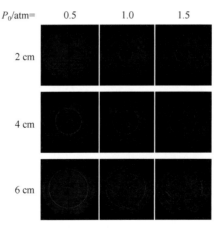

图 5-117　不同初始压力下氢气/氨气/空气混合物火焰图像（$x=1.0$，$\phi=1.0$）

如上所述，初始压力对火焰稳定性的影响主要体现在火焰表面结构的变化上，初始压力越大，火焰表面越容易产生裂纹，裂纹数量越多。火焰表面裂纹的出现是热-质扩散不稳定性和流体动力学不稳定性共同作用的结果，但热-质扩散不稳定性并不随初始压力的增加而改变，因此，初始压力对氢气/氨气/空气混合物火焰稳定性的影响主要体现在流体动力学不稳定性上，图 5-118 给出了流体动力学不稳定性表征参数火焰厚度与初始压力的关系。由图可知，随着初始压力的增加，不同燃料配比和当量比条件下的混合气体火焰厚度均呈现出下降的趋势，说明火焰弯曲拉伸的稳定作用减弱，流体动力学不稳定性增强。因此，对于氢气/氨气/空气混合物，初始压力越大，火焰厚度越小，流体动力学不稳定性越强。

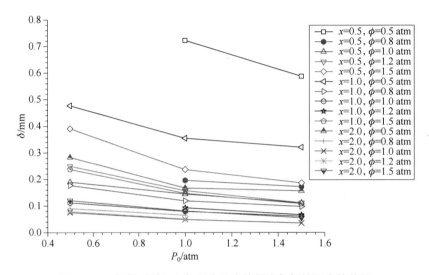

图 5-118　氢气/氨气/空气混合物火焰厚度与初始压力的关系

为了研究初始压力对氢气/氨气/空气混合物不稳定性综合效应的影响，图 5-119 给出了混合气体在不同初始压力下的火焰整体稳定性表征参数马克斯坦长度随初始压力的变化曲线。由图可知，不同燃料配比和当量比条件下的氢气/氨气/空气混合物马克斯坦长度均随着初始压力的增大而逐渐减小。

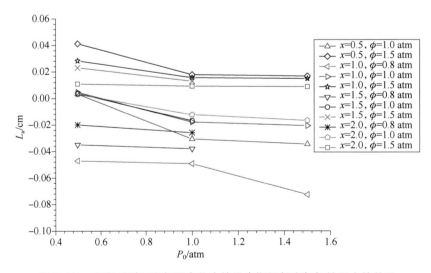

图 5-119　氢气/氨气/空气混合物火焰马克斯坦长度与初始压力的关系

图 5-120 给出了不同当量比和燃料配比下氢气/氨气/空气混合物火焰临界失稳半径与初始压力的关系，由图可知，临界失稳半径随初始压力的增加而快速下降，说明初始压力越大，火焰越容易失稳，稳定性越差。

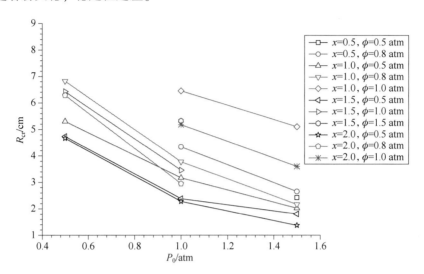

图 5-120　氢气/氨气/空气混合物火焰临界失稳半径与初始压力的关系

根据上述研究发现，对于氢气/氨气/空气混合物火焰，在不同的燃料配比和当量比条件下，随着初始压力的增加，火焰厚度逐渐减小，流体动力学不稳定性增强，导致火焰的整体稳定性减弱，火焰表面的不稳定现象更明显，其结果与氢气/空气混合物火焰较为相似。

5.12　氢气/氨气/氧气混合物层流燃烧特性研究

我们对不同燃料配比、当量比和初始压力条件下的氢气/氨气/氧气混合物的火焰传播过程进行了实验研究，利用非线性外推方法测定了不同实验条件下的层流燃烧速度，并研究了各初始条件对层流燃烧速度的影响。

5.12.1　燃料配比对氢气/氨气/氧气混合物球形火焰传播过程及层流燃烧速度的影响

我们首先对不同燃料配比下的氢气/氨气/氧气混合物层流燃烧特性进行了研究，为研究燃料配比对火焰传播过程的影响，进行了燃料配比在 0.5～2.0 范围变化的火焰传播实验。图 5-121 给出了初始压力 $P_0 = 0.5$ atm，当量比 $\phi = 1.0$ 情况下，氢气/氨气/氧气混合物在不同燃料配比条件下的火焰传播纹影图像。由图可知，与氢气/氨气/空气混合物类似，随着燃料配比的增加，氢气/氨气/氧气混合物火焰传播明显加速，火焰在 2 ms 内传播的距离显著增大。

图 5-122 所示为初始压力 $P_0 = 0.5$ atm，当量比 $\phi = 1.0$ 的情况下，氢气/氨气/氧气混合物在不同燃料配比时的火焰传播轨迹。从图中可以看出，在燃料配比为 0.5、1.0、1.5 和 2.0 时，火焰传播至半径 6 cm 处分别用了 2.6 ms、1.8 ms、1.4 ms 和 1.2 ms，说明随着燃

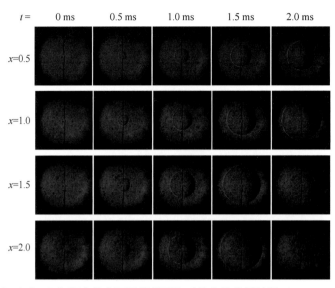

图 5-121　氢气/氨气/氧气混合物在不同燃料配比时的火焰传播过程（$\phi=1.0$，$P_0=0.5$ atm）

料配比的增大，拉伸火焰传播速度单调增大。

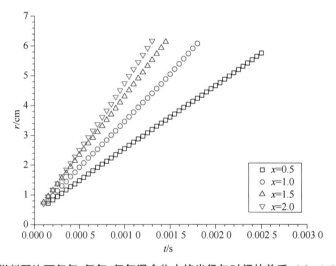

图 5-122　不同燃料配比下氢气/氨气/氧气混合物火焰半径与时间的关系（$\phi=1.0$，$P_0=0.5$ atm）

图 5-123 所示为初始压力 $P_0=0.5$ atm，当量比 $\phi=1.0$ 的情况下，氢气/氨气/氧气混合物在不同燃料配比时拉伸率与火焰半径的关系。从图中可以看出，在火焰从 1 cm 传播到 6 cm 的过程中，拉伸率逐渐减小，当燃料配比为 0.5 时，拉伸率从 4 380（1/s）降低到接近 750（1/s），当燃料配比为 1.0 时，拉伸率从 6 100（1/s）降低到接近 1 100（1/s），当燃料配比为 1.5 时，拉伸率从 7 600（1/s）降低到接近 1 360（1/s），当燃料配比为 2.0 时，拉伸率从 8 500（1/s）降低到接近 1 570（1/s）。在相同火焰半径处，拉伸率随着燃料配比的增大而呈现出升高的趋势。

图 5-124 所示为初始压力 $P_0=0.5$ atm 情况下，在不同燃料配比时，氢气/氨气/氧气混

合物层流燃烧阶段拉伸火焰传播速度与拉伸率的关系。由图 5-124 可以发现，在当量比为 1.5 时，不同燃料配比下的混合气体拉伸火焰传播速度均随着拉伸率的增加而逐渐减小，在其他当量比下，拉伸火焰传播速度均随拉伸率的增加而增大。在相同拉伸率处，随着燃料配比的增大，拉伸火焰传播速度呈现出增大趋势。

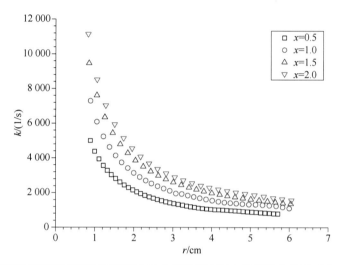

图 5-123　不同燃料配比下氢气/氨气/氧气混合物火焰拉伸率与火焰半径的关系（$\phi=1.0$，$P_0=0.5$ atm）

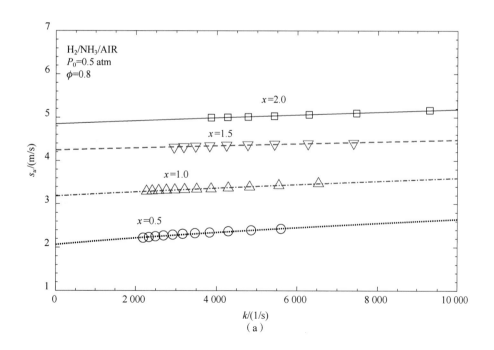

（a）

图 5-124　不同燃料配比下氢气/氨气/氧气混合物拉伸火焰传播速度与拉伸率的关系

（a）$\phi=0.8$

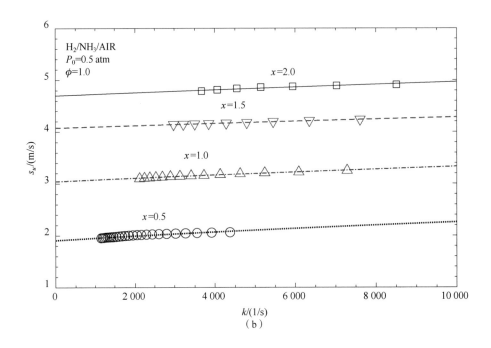

（b）

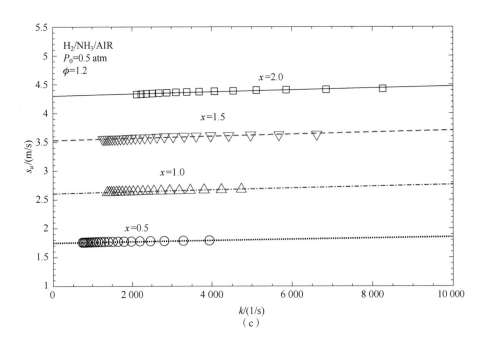

（c）

图 5-124 不同燃料配比下氢气/氨气/氧气混合物拉伸火焰传播速度与拉伸率的关系（续）

（b）$\phi = 1.0$；（c）$\phi = 1.2$

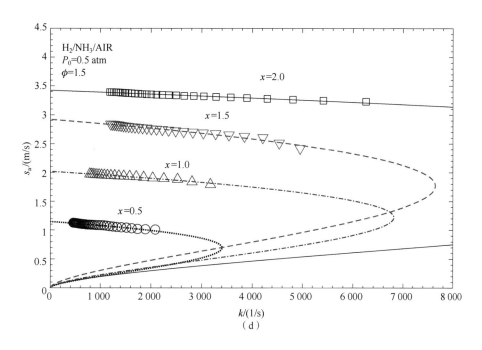

图 5-124 不同燃料配比下氢气/氨气/氧气混合物拉伸火焰传播速度与拉伸率的关系（续）

(d) $\phi = 1.5$

图 5-125 给出了不同初始压力和当量比条件下氢气/氨气/氧气混合物在不同燃料配比时的层流燃烧速度。从图中可以看出，在初始压力为 0.5 atm 时，随着燃料配比从 0.5 增大为 2.0，理论当量比时的混合气体层流燃烧速度从 1.91 m/s 迅速增大为4.7 m/s；在初始压力为 0.1 atm，当量比为 1.0 时，随着燃料配比从 0.5 增大为 2.0，层流燃烧速度从 1.94 m/s 增大为 4.8 m/s。不同初始压力和当量比条件下的混合气体层流燃烧速度均随着燃料配比的增加而迅速增大。

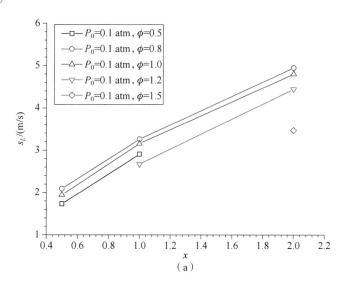

图 5-125 氢气/氨气/氧气混合物层流燃烧速度与燃料配比的关系

(a) $P_0 = 0.1$ atm

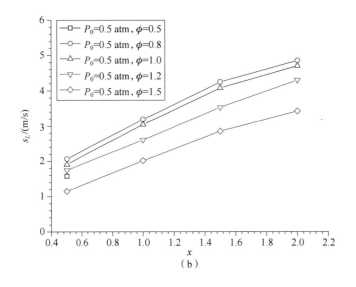

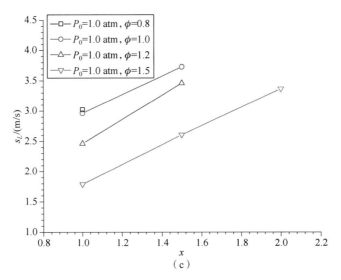

图 5-125　氢气/氨气/氧气混合物层流燃烧速度与燃料配比的关系（续）

（b）$P_0 = 0.5$ atm；（c）$P_0 = 1.0$ atm

　　图 5-126 给出了初始压力为 0.5 atm 情况下，不同燃料配比时氢气/氨气/氧气混合物层流燃烧速度的实验测量值和理论预测值，采用 Song 和 UT-LCS 机理模型进行理论预测。从图中可以看出，实验测量结果和理论预测结果一致性较好，两种机理模型均能较好地预测层流燃烧速度，相比较而言，UT-LCS 机理模型对层流燃烧速度的预测更准确。

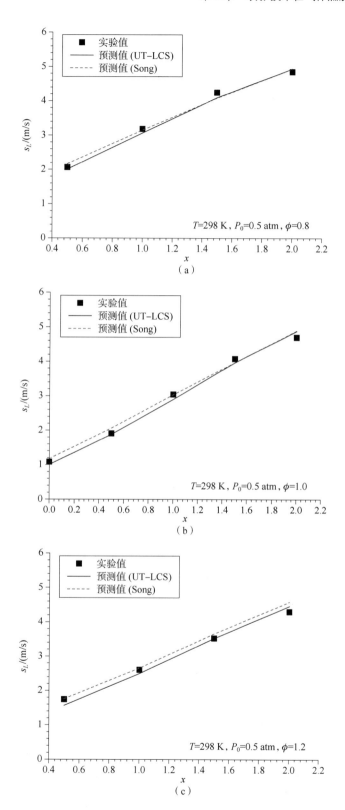

图 5-126　**不同当量比条件下氢气/氨气/氧气混合物层流燃烧速度（实验值和预测值）随燃料配比的变化**

（a）$\phi = 0.8$；（b）$\phi = 1.0$；（c）$\phi = 1.2$

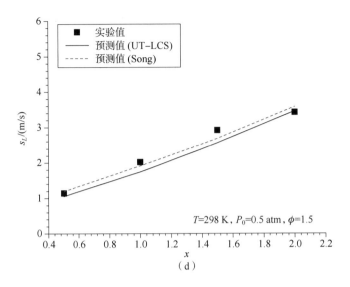

图 5-126 不同当量比条件下氢气/氨气/氧气混合物层流燃烧速度
（实验值和预测值）随燃料配比的变化（续）

(d) $\phi=1.5$

5.12.2 当量比对氢气/氨气/氧气混合物球形火焰传播过程及层流燃烧速度的影响

图 5-127 给出了燃料配比 $x=1.0$，初始压力 $P_0=1.0$ atm 情况下，氢气/氨气/氧气混合物在不同当量比时火焰传播的纹影图像。由图可知，不同当量比时的混合气体在点火后火焰均以点火源为中心呈球形向外传播，火焰在传播到一定距离后，表面逐渐产生裂纹和褶皱，随着火焰的发展，裂纹和褶皱不断分裂和加强，导致火焰失稳加速。在小当量比时，火焰表面很早就出现了裂纹和褶皱，层流燃烧阶段过短，可用有效实验数据不足，其层流燃烧速度难以通过球形扩展法来获得。

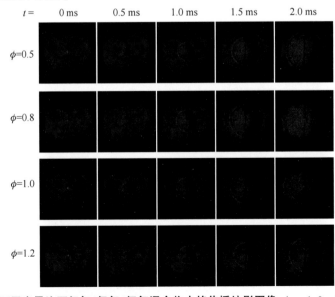

图 5-127 不同当量比下氢气/氨气/氧气混合物火焰传播纹影图像（$x=1.0$，$P_0=1.0$ atm）

图 5-128 所示为燃料配比 $x = 1.0$，初始压力 $P_0 = 1.0$ atm 情况下，不同当量比时的氢气/氨气/氧气混合物火焰半径与时间的关系。由图可知，在当量比为 0.5、0.8 和 1.0 时，火焰半径与时间的关系曲线随着时间的增加而逐渐上翘，说明火焰传播逐渐加速。根据火焰传播到相同半径处所用的时间可以判断，在当量比为 0.8 时，火焰传播最快，随着当量比偏离 0.8，火焰传播速度减小，在当量比为 1.5 时，火焰传播速度最小。

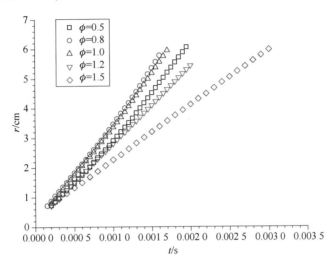

图 5-128　不同当量比下氢气/氨气/空气混合物火焰半径随时间的变化（$x = 1.0$，$P_0 = 1.0$ atm）

图 5-129 所示为燃料配比 $x = 1.0$，初始压力 $P_0 = 1.0$ atm 情况下，不同当量比时的氢气/氨气/氧气混合物火焰拉伸率与火焰半径的关系。从图中可以看出，在火焰半径 5 cm 处，随着当量比从 0.5 增大到 0.8，拉伸率从 1 370（1/s）升高至接近 1 620（1/s），随着当量比进一步增大到 1.5，火焰拉伸率从 1 620（1/s）降低至接近 740（1/s）。因此，在同一个火焰半径处，火焰拉伸率在当量比为 0.8 时最大，随着当量比偏离 0.8，拉伸率逐渐降低。

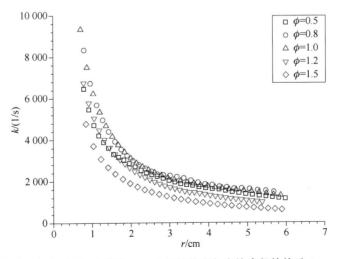

图 5-129　不同当量比下氢气/氨气/氧气混合物火焰拉伸率与火焰半径的关系（$x = 1.0$，$P_0 = 1.0$ atm）

图 5-130 所示为不同当量比下氢气/氨气/氧气混合物层流燃烧阶段拉伸火焰传播速度与拉伸率的关系。从图中可以看出，在当量比为 0.8、1.0 和 1.2 时，随着拉伸率的增加，拉伸火焰传播速度都呈现出上升趋势，并且当量比越小，上升趋势越明显，当当量比增大到 1.5 时，拉伸火焰传播速度随拉伸率的变化趋势改变，随着拉伸率的增加，拉伸火焰传播速度呈现出下降趋势。在同一个拉伸率处，拉伸火焰传播速度随当量比的增大而减小。

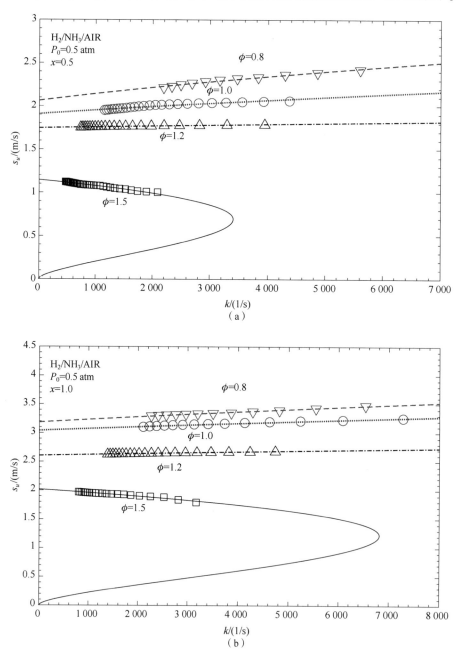

图 5-130　不同当量比下氢气/氨气/氧气混合物拉伸火焰传播速度与拉伸率的关系

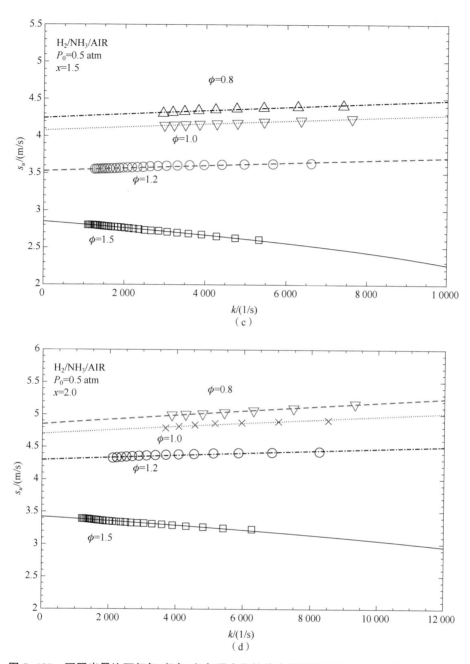

图 5-130 不同当量比下氢气/氨气/氧气混合物拉伸火焰传播速度与拉伸率的关系（续）

图 5-131 给出了不同初始压力和燃料配比条件下氢气/氨气/氧气混合物层流燃烧速度与当量比的关系。由图可知，在不同初始压力和燃料配比条件下，混合气体的层流燃烧速度随当量比变化曲线呈现出倒置的"U"形形状，最大层流燃烧速度出现在当量比 $\phi = 0.8$ 处，当量比小于 0.8 时，层流燃烧速度随着当量比的增大而逐渐增大，当量比大于 0.8 时，随着当量比的增大，层流燃烧速度呈现出下降的变化趋势。在初始压力为 0.5 atm，燃料配比为 0.5 时，随着当量比从 0.5 增大到 0.8，层流燃烧速度从 1.58 m/s 增大为 2.064 m/s，随着当量比继续增大到 1.5，层流燃烧速度逐渐降低为 1.146 m/s。

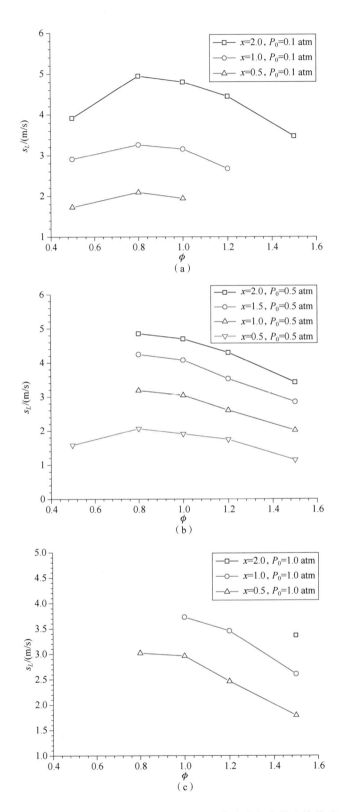

图 5-131　氢气/氨气/氧气混合物层流燃烧速度与当量比的关系

（a）$P_0 = 0.1$ atm；（b）$P_0 = 0.5$ atm；（c）$P_0 = 1.0$ atm

采用 UT-LCS 机理模型对不同当量比下氢气/氨气/氧气混合物的层流燃烧速度进行了理论预测，初始压力 $P_0 = 0.5$ atm 条件下预测值和实验值的对比如图 5-132 所示。由图可知，在燃料配比为 0.5 时，UT-LCS 机理预测值在当量比 1.2 处偏低，偏差达 9.5%，在其他当量比处预测值与实验值吻合较好；在燃料配比为 1.0 时，预测值总体偏低，偏差 8% 以内；在燃料配比为 1.5 时，预测值和实验值的最大偏差在 3% 以内；在燃料配比为 2.0 时，预测值总体上大于实验值，偏差在 4% 以内。总体上来说，预测结果和实验结果的一致性较好。

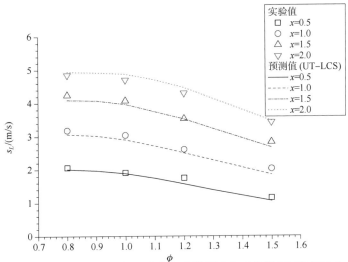

图 5-132　不同当量比下氢气/氨气/氧气混合物层流燃烧速度实验值与预测值对比（$P_0 = 0.5$ atm）

5.12.3　初始压力对氢气/氨气/氧气混合物球形火焰传播过程及层流燃烧速度的影响

图 5-133 给出了燃料配比 $x = 1.0$，当量比 $\phi = 1.0$ 情况下，氢气/氨气/氧气混合物在不同初始压力时火焰传播的纹影图像。从图中可以看出，在初始压力为 0.1 atm 时，由于混合气体密度很低，火焰较为稀薄，火焰在发展初期轮廓不是十分清晰；在初始压力为 1.0 atm 时，预混气体点火后，火焰表面很快就产生裂纹和褶皱，可用有效实验数据范围很小。对比不同初始压力时火焰在 2 ms 内传播的距离可以发现，随着初始压力的增大，拉伸火焰传播速度的变化十分有限。由于大初始压力下的氢气/氨气/氧气混合物有效实验数据范围过窄，其层流燃烧速度难以通过本实验方法来计算，因此，本节主要对负压和常压条件下的混合气体层流燃烧特性进行研究。

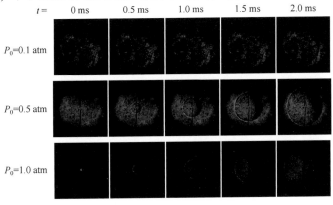

图 5-133　不同初始压力下氢气/氨气/氧气混合物火焰传播纹影图像（$x = 1.0$，$\phi = 1.0$）

图 5-134 所示为燃料配比 $x=1.0$，当量比 $\phi=1.0$ 情况下，氢气/氨气/氧气混合物在不同初始压力时火焰半径与时间的关系。由图可知，当初始压力为 0.1 atm、0.5 atm 和 1.0 atm 时，在火焰发展初期，火焰半径随时间的增长速度较为接近，随着火焰的传播，初始压力为 0.5 atm 和 1.0 atm 时的 $r-t$ 曲线逐渐上翘，说明火焰传播逐渐加速，初始压力为 1.0 atm 时火焰加速现象更明显。

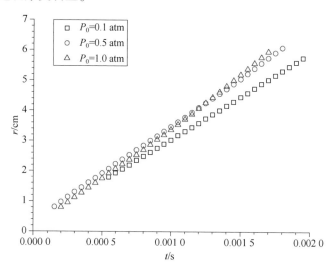

图 5-134 不同初始压力下氢气/氨气/氧气混合物火焰半径与时间的关系（$x=1.0$，$\phi=1.0$）

图 5-135 所示为燃料配比 $x=1.0$，当量比 $\phi=1.0$ 情况下，氢气/氨气/氧气混合物在不同初始压力时火焰拉伸率与火焰半径的关系。由图可知，随着火焰的传播，拉伸率逐渐减小，在初始压力为 0.1 atm 时，随着火焰从半径 2 cm 传播到半径 6 cm 处，拉伸率从 2 700（1/s）降低至 990（1/s）；在初始压力为 0.5 atm 时，火焰从半径 2 cm 传播到半径 6 cm 的过程中，拉伸率从 3 100（1/s）降低至 1 100（1/s）；在初始压力为 1.0 atm 时，火焰在半径 2 cm 处，拉伸率为 3 120（1/s），在半径 6 cm 处，拉伸率为 1 200（1/s）。因此，随着初始压力的增大，火焰在相同半径处的拉伸率略微增大。

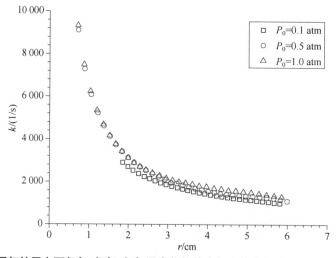

图 5-135 不同初始压力下氢气/氨气/氧气混合物拉伸率与火焰半径的关系（$x=1.0$，$\phi=1.0$）

图 5-136 给出了不同初始压力下氢气/氨气/氧气混合物层流燃烧阶段拉伸火焰传播速度与拉伸率的关系，并对二者之间的非线性关系进行了拟合。由图可知，在初始压力为 0.1 atm 时，拉伸火焰传播速度随拉伸率的增加而减小，减小趋势较为明显。在初始压力为 0.5 atm 和 1.0 atm 时，随着拉伸率的增加，拉伸火焰传播速度呈现出上升趋势。

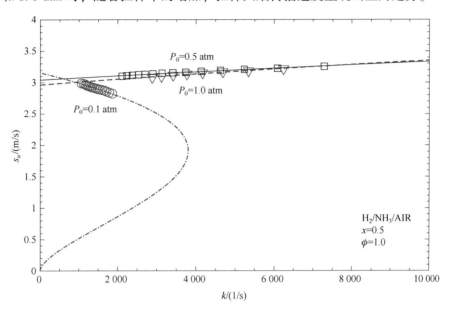

图 5-136   不同初始压力下氢气/氨气/氧气混合物拉伸火焰传播速度与拉伸率的关系（$x=1.0$，$\phi=1.0$）

图 5-137 给出了不同当量比和燃料配比下氢气/氨气/氧气混合物层流燃烧速度与初始压力的关系，由图可知，对于不同燃料配比和当量比条件下的复合燃料/氧气混合物，随着初始压力的增加，层流燃烧速度均呈现出略微下降的趋势。在燃料配比 $x=1.0$，当量比 $\phi=1.0$ 情况下，随着初始压力从 0.1 atm 增大为 1.0 atm，层流燃烧速度从 3.16 m/s 降低为 2.96 m/s，降低幅度仅为 6.3%。因此，初始压力对氢气/氨气/氧气混合物层流燃烧速度的影响十分有限。

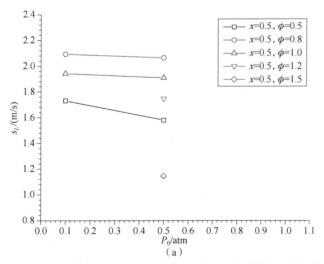

图 5-137   氢气/氨气/氧气混合物层流燃烧速度与初始压力的关系

（a）$x=0.5$

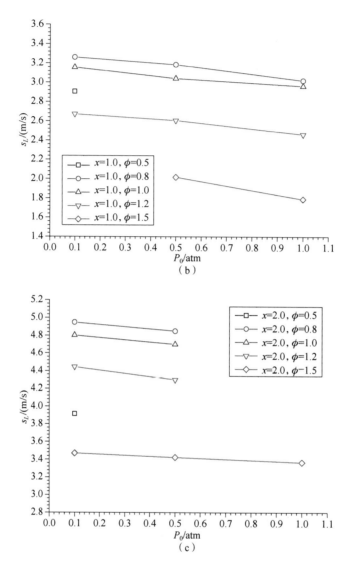

图 5-137 氢气/氨气/氧气混合物层流燃烧速度与初始压力的关系（续）

（b）$x = 1.0$；（c）$x = 2.0$

图 5-138 给出了理论当量比时，在不同初始压力下，氢气/氨气/氧气混合物层流燃烧速度实验结果和预测结果的对比，同样采用 UT-LCS 机理进行理论预测。从图中可以看出，实验结果和预测结果相差不大，最大偏差 6% 以内，UT-LCS 机理能够对氢气/氨气/氧气混合物的层流燃烧速度进行较好的预测。

5.12.4 氢气/氨气/氧气混合物火焰稳定性研究

（1）燃料配比对氢气/氨气/氧气混合物火焰稳定性的影响

图 5-139 给出了初始压力 $P_0 = 0.5$ atm，当量比 $\phi = 1.0$ 时氢气/氨气/氧气混合物在不同燃料配比下的火焰图像。由图可知，预混气体在燃烧室中心被点燃之后，火焰以点火源为中心向四周球形扩展，火焰表面很早就产生了裂纹，随着火焰的传播，裂纹数量迅速增加，形

成细密的胞格状结构，火焰表面凹凸不平，且燃料配比越大，火焰表面粗糙程度越严重。

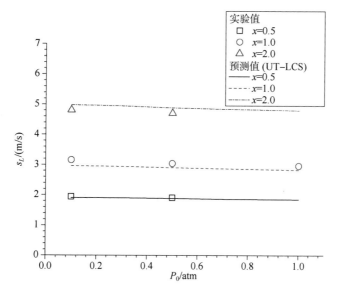

图 5-138　不同初始压力下氢气/氨气/氧气混合物层流燃烧速度实验结果和预测结果对比（$\phi=1.0$）

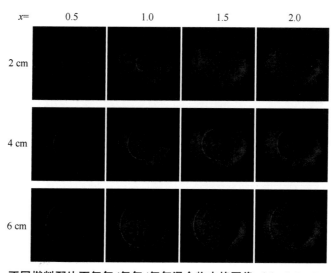

图 5-139　不同燃料配比下氢气/氨气/氧气混合物火焰图像（$\phi=1.0$，$P_0=0.5$ atm）

　　氢气/氨气复合燃料在纯氧中燃烧时，火焰传播速度较快，体积力不稳定性的影响可以忽略不计，其火焰失稳是由于热-质扩散不稳定性和流体动力学不稳定性的作用导致的。热-质扩散不稳定性通常用刘易斯数来表征，图 5-140 所示为不同初始条件下氢气/氨气/氧气混合物的刘易斯数与燃料配比的关系。由图可知，贫燃时，利用基于体积法得到的刘易斯数略微大于基于扩散法得到的结果，但刘易斯数都随着燃料配比的增加而略微减小，热-质扩散不稳定性增强；富燃时，刘易斯数随着燃料配比的增加而逐渐增大，热-质扩散稳定作用增强。总体上来说，燃料配比对热-质扩散不稳定性的影响较小，燃料配比的增加并不能改变热-质扩散因素对火焰稳定性的作用状态。

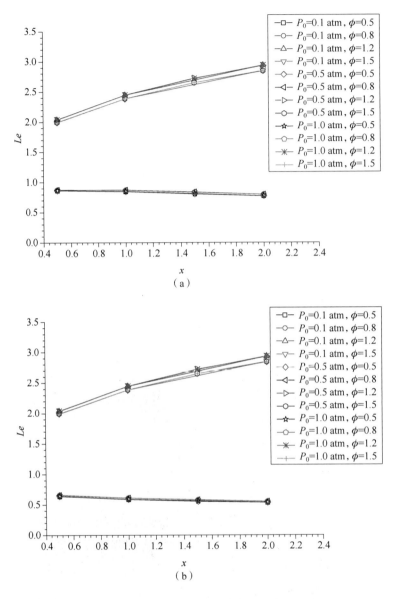

图 5-140 氢气/氨气/氧气混合物刘易斯数与燃料配比的关系
（a）基于体积；（b）基于扩散

　　流体动力学不稳定性可以用火焰厚度来表征，图 5-141 给出了不同初始条件下氢气/氨气/氧气混合物的火焰厚度，并给出了火焰厚度与燃料配比的关系。由图可知，随着燃料配比的增加，火焰厚度单调减小，说明流体动力学不稳定性增强。因此，燃料配比的增加对氢气/氨气/氧气混合物火焰不稳定性的影响可以用流体动力学不稳定性来解释，随着燃料配比的增加，流体动力学不稳定性逐渐增强，火焰稳定性减弱。

　　火焰不稳定性的综合效应可以用马克斯坦长度来表征，为分析燃料配比对氢气/氨气/氧气混合物火焰不稳定性综合效应的影响，图 5-142 给出了不同初始压力和当量比条件下马克斯坦长度和燃料配比的关系。由图可知，燃料配比的增加并不能改变马克斯坦长度的符

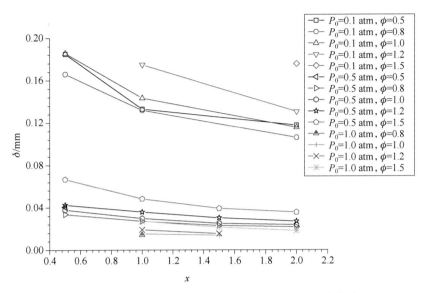

图 5-141　氢气/氨气/氧气混合物火焰厚度与燃料配比的关系

号，燃料配比对氢气/氨气/氧气混合物火焰整体稳定性的影响较为有限。临界失稳半径是衡量火焰不稳定性的另一个指标，临界失稳半径越小，说明火焰越容易失稳，火焰稳定性越差。

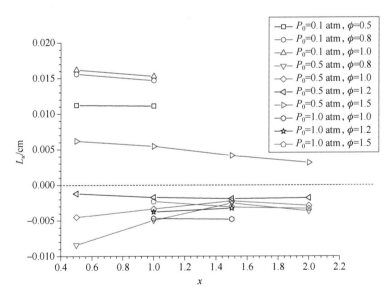

图 5-142　氢气/氨气/氧气混合物火焰马克斯坦长度与燃料配比的关系

　　图 5-143 给出了不同初始压力和当量比条件下氢气/氨气/氧气混合物临界失稳半径与燃料配比的关系。由图可知，当初始压力为 0.1 atm 时，火焰较为稳定，不存在临界失稳半径；当初始压力为 0.5 atm 和 1.0 atm 时，随着燃料配比的增加，临界失稳半径逐渐减小，说明火焰不稳定性增强，与从火焰图像中得到的结果较为吻合。

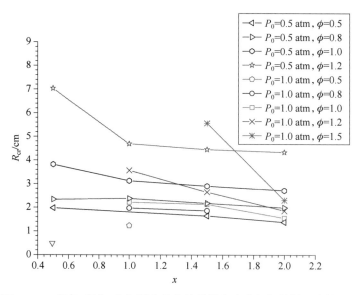

图 5-143 氢气/氨气/氧气混合物火焰临界失稳半径与燃料配比的关系

（2）当量比对火焰稳定性的影响

图 5-144 给出了初始压力 $P_0 = 0.5$ atm，燃料配比 $x = 1.0$ 条件下，氢气/氨气/氧气混合物在不同当量比时的火焰图像。从图中可以看出，当量比为 0.5 和 0.8 时，火焰在传播到 6 cm 时，表面已经形成较为明显的胞格状结构，当量比为 0.5 时更加明显；在当量比增加到 1.0 时，火焰表面观察到大量的裂纹和褶皱，但直到半径 6 cm 处还尚未形成明显的胞格状结构；在当量比为 1.2 时，火焰在发展初期就产生裂纹，随着火焰的扩展，裂纹不断分裂，但相比当量比为 1.0 时，相同位置处的裂纹数量明显减少；在当量比为 1.5 时，在火焰发展初期同样观察到裂纹产生，但随着火焰向外膨胀，裂纹并未继续分裂。

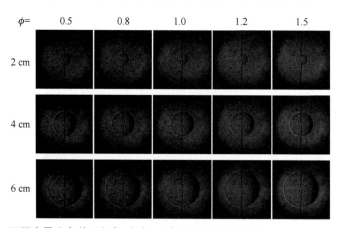

图 5-144 不同当量比条件下氢气/氨气/氧气混合物火焰图像 （$P_0 = 0.5$ atm，$x = 1.0$）

对于氢气/氨气/氧气混合物，不稳定因素主要为热-质扩散不稳定性和流体动力学不稳定性。图 5-145 给出了热-质扩散不稳定性表征参数刘易斯数与当量比的关系，由图可知，贫燃时，复合燃料/氧气混合物刘易斯数小于 1，热-质扩散作用会增强火焰的不稳定性；富燃时，刘易斯数大于 1，热-质扩散因素对火焰起稳定作用，不稳定性受到抑制。因此，热-质扩散不稳定性仅表现在贫燃情况下，随着当量比的增加，刘易斯数略微增大，热-质扩散不稳定性略微减弱。

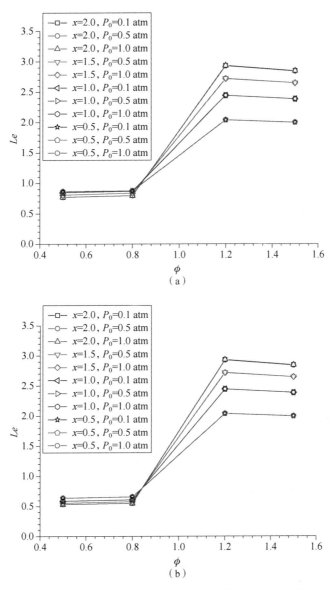

图 5-145　氢气/氨气/氧气混合物刘易斯数与当量比的关系

（a）基于体积；（b）基于扩散

图 5-146 给出了不同燃料配比和初始压力下氢气/氨气/氧气混合物火焰流体动力学不稳定性表征参数火焰厚度与当量比的关系。由图可知，不同燃料配比和初始压力条件下的复合燃料/氧气混合物火焰厚度最小值都出现在当量比 φ=0.8 处，此时流体动力学不稳定性最强。在当量比小于 0.8 时，火焰厚度随着当量比的增加而逐渐减小，流体动力学不稳定性逐

渐增强；在当量比大于 0.8 时，随着当量比的增加，火焰厚度呈现上升的趋势，流体动力学不稳定性减弱。

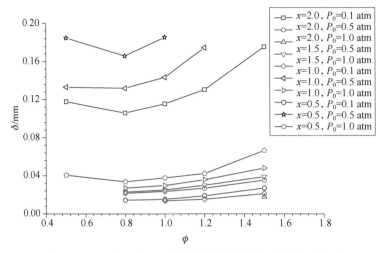

图 5-146　氢气/氨气/氧气混合物火焰厚度与当量比的关系

火焰稳定性的综合效应可以用马克斯坦长度和临界失稳半径来表征，图 5-147 给出了氢气/氨气/氧气混合物马克斯坦长度与当量比的关系。由图可知，随着当量比的增加，混合气体马克斯坦长度逐渐增大，在初始压力为 0.5 atm、燃料配比为 1 时，随着当量比从 1.2 增加到 1.5，马克斯坦长度由负转正。

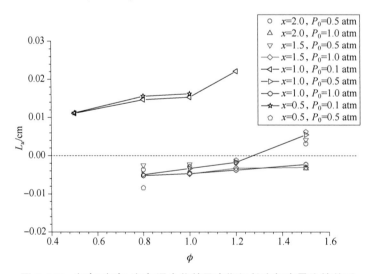

图 5-147　氢气/氨气/氧气混合物的马克斯坦长度与当量比的关系

图 5-148 给出了不同初始压力和燃料配比条件下氢气/氨气/氧气混合物火焰临界失稳半径与当量比的关系，由图可知，临界失稳半径随当量比的增大而单调增大，当量比增加到一临界值时，火焰表面始终保持光滑，不再存在临界失稳半径。因此，氢气/氨气/氧气混合物火焰整体稳定性随着当量比的增大而逐渐增强。

与在空气中类似，氢气/氨气复合燃料在氧气中燃烧时，其火焰稳定性随着当量比的增

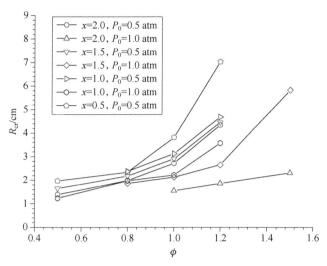

图 5-148 氢气/氨气/氧气混合物火焰的临界失稳半径与当量比的关系

加而逐渐增强。在当量比小于 0.8 时，随着当量比的增加，热-质扩散不稳定性减弱，流体动力学不稳定性增强，火焰整体稳定性表现为增强；在当量比大于 0.8 时，随着当量比的增加，热-质扩散不稳定性和流体动力学不稳定性同时减弱，火焰整体稳定性增强。贫燃时，当量比对氢气/氨气/氧气混合物火焰稳定性的影响更多地体现在热-质扩散不稳定性上，富燃时，不稳定现象的出现是流体动力学不稳定性作用的结果。

（3）初始压力对氢气/氨气/氧气混合物火焰稳定性的影响

图 5-149 给出了燃料配比 $x = 1.0$，当量比 $\phi = 1.0$ 条件下，氢气/氨气/氧气混合物在不同初始压力时的火焰图像。由图可知，在初始压力为 0.1 atm 时，火焰较为稀薄，这是由于混合气体的密度过低造成的，但火焰表面一直保持光滑，火焰较为稳定；在初始压力增加到 0.5 atm 时，火焰表面很早就产生了裂纹，并且随着火焰的发展，裂纹不断分裂增加；当初始压力进一步增加到 1.0 atm 时，火焰表面早期产生的裂纹随着火焰的传播迅速分裂，在半径 6 cm 处火焰表面观察到细密的胞格状单元。

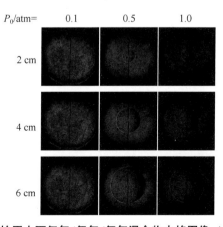

图 5-149 不同初始压力下氢气/氨气/氧气混合物火焰图像（$x = 1.0$，$\phi = 1.0$）

　　初始压力对氢气/氨气/氧气混合物火焰传播过程的影响十分明显，在较大的初始压力下，火焰表面很早就形成了胞格状结构，随着初始压力的降低，火焰表面粗糙程度逐渐减弱，在初始压力为 0.1 atm 时，才观察到较为稳定的火焰传播过程。由此可见，氢气/氨气/氧气混合物火焰稳定性随初始压力的增加而减弱。氢气/氨气/氧气混合物火焰的不稳定性由热-质扩散不稳定性和流体动力学不稳定性共同主导。与其他燃料/氧化混合物相同，氢气/氨气/氧气混合物的热-质扩散不稳定性对压力极不敏感，初始压力对氢气/氨气/氧气混合物火焰稳定性的影响仅体现在流体动力学不稳定性上。图 5-150 给出了不同燃料配比和初始压力下氢气/氨气/氧气混合物流体动力学不稳定性表征参数火焰厚度与初始压力的关系，从图中可以看出，随着初始压力的增加，火焰厚度显著下降，在燃料配比为 1.0 时，随着初始压力从 0.1 atm 增加到 1.0 atm，理论当量比下的氢气/氨气/氧气混合物火焰厚度从 0.143 mm 迅速下降到 0.015 mm。因此，随着初始压力的增加，氢气/氨气/氧气混合物流体动力学不稳定性增强。

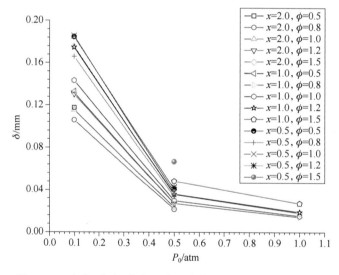

图 5-150　氢气/氨气/氧气混合物火焰厚度与初始压力的关系

　　通常用马克斯坦长度来表征火焰的整体稳定性，图 5-151 给出了氢气/氨气/氧气混合物火焰马克斯坦长度与初始压力的关系，从图中可以看出，马克斯坦长度随初始压力的增加而逐渐减小，在 $P_0 = 0.5$ atm 附近从正值转为负值。

　　临界失稳半径可以用来衡量火焰失稳的难易程度，图 5-152 给出了不同当量比和燃料配比下氢气/氨气/氧气混合物火焰临界失稳半径与初始压力的关系。在初始压力为 0.1 atm 时，火焰始终保持稳定传播，未存在临界失稳半径，随着初始压力增大为 0.5 atm，可以观察到火焰加速失稳现象，可提取到临界失稳半径，随着初始压力进一步增大，临界失稳半径减小，说明初始压力越大，火焰越容易加速失稳，稳定性越差。因此，氢气/氨气/氧气混合物火焰整体稳定性随着初始压力的增加而逐渐减弱。

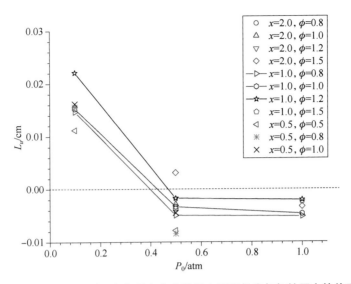

图 5-151　氢气/氨气/氧气混合物火焰马克斯坦长度与初始压力的关系

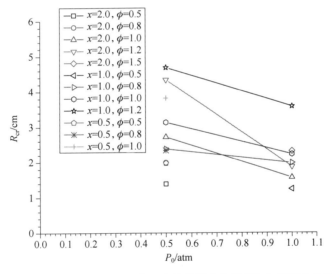

图 5-152　氢气/氨气/氧气混合物火焰临界失稳半径与初始压力的关系

5.13　丙烷/空气混合物中火焰传播和气体爆炸研究

前面提到，设备壁面会对火焰传播过程产生影响，确定层流火焰速度的火焰数据应远离壁面，这样有效实验数据就会减少。前面采用内腔尺寸为 φ300 mm×350 mm 的实验罐，可用数据受到壁面的影响和限制。本节采用大体积燃烧罐开展火焰传播特性实验，可以得到更多的可用实验数据。实验装置的示意图如图 5-153 所示，它由燃烧罐、纹影测量系统、压力测量系统和温度测量系统组成。

实验在一个 1.16 m³ 的燃烧罐中进行，该燃烧罐可以承受 50 bar 的内部压力，如

图 5-153 所示。它由内径 1 300 mm、长度 764 mm 的圆柱体部分和两个半椭球面组成；燃烧罐总轴向长度为 1 438 mm，同时配有多个气体供给阀和排气阀端口，以及用于安装压力传感器、热电偶和点火电极的端口。两个直径为 250 mm 的高强度石英窗安装在圆柱体部分的相对侧壁上，用于光学测量。燃料/空气混合物由电火花点火装置点燃，其电能范围为 0.2 mJ~2.5 J。本研究通过监测穿过火花的电流和穿过火花间隙的电压来测量火花能量，用于燃料/空气混合气点火的火花能量为 5 mJ。使用纹影图像系统和每秒 8 400 帧的高速数码相机记录火焰传播过程中火焰前锋的运动。压力历史由连接到压力适配器的 Kistler 压力传感器测量，温度历史由自制的瞬态热电偶和热电偶适配器测量。数据采集系统用于记录火焰传播过程中的压力和温度历史。在每次实验之前，对燃烧容器进行抽真空，并根据规定当量比和道尔顿分压定律充入各气体组分，形成燃料/空气混合物。静置 300 分钟，以确保充分混合。然后，混合物由位于中央的电极点燃。燃料/空气混合物的点火、高速摄像系统和数据采集系统触发都由控制单元控制。

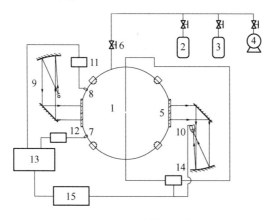

图 5-153　实验装置示意图

1—燃烧罐；2—丙烷；3—空气；4—真空泵；5—石英玻璃窗；6—电极；7—压力传感器；8—热电偶；
9—纹影系统；10—高速运动分析系统；11—热电偶适配器；12—压力传感器适配器；
13—数据采集系统；14—电火花点火器；15—控制单元

5.13.1　丙烷/空气混合物火焰不稳定性和临界半径

图 5-154 所示为具有不同当量比的丙烷/空气混合物中火焰传播的纹影图像序列。初始温度和压力分别为 293 K 和 1 bar，相机帧频为 8400 帧/秒。

火花点燃丙烷/空气混合物后，火焰发展为光滑表面并传播。火焰在两个瞬间发生特征性变化。第一个是点火扰动引起的大裂纹开始分岔，第二个是整个火焰表面上自发出现的胞格。火焰前锋的初始扰动是由点火过程引起的，并且由于扩散和火焰拉伸的稳定作用而不会增长。第二个定义为火焰不稳定的开始，用临界半径（R_{cr}）和 Pecr 数（P_{ecr}）表示，P_{ecr} 数定义为临界半径（R_{cr}）与火焰厚度（δ）的比值，即 $P_{ecr} = R_{cr} / \delta$。图 5-154 给出了三个重要参数，膨胀率 $\sigma = \dfrac{\rho_u}{\rho_b}$，刘易斯数 $Le = \dfrac{D_T}{D_m}$ 和 火焰厚度 $\delta = \dfrac{\lambda}{C_p \rho_u s_L^0}$。如图 5-154 所示，对于当量比为 0.7 和 1.0 的丙烷/空气混合物，火焰表面保持光滑，没有出现不稳定。然而，当当量比增加到 1.2 时，在火焰半径为 40 mm 处出现一些裂纹并分叉，直到最终在整个火焰表面出现蜂窝状结构。当量比增加到 1.5 时，发生裂纹的火焰半径减小到 30 mm。火焰不稳定性主要是由热-质扩散不稳定性和流体动力学不稳定性引起的。热-质扩散不稳定性是由来自火焰前沿的热传导和反应物向火焰扩散的竞争效应造成的。刘易斯数（Le）定义为混合物的扩散率与反应物的质量扩散率之比。当 Le 小于或等于某个临界值（单位）L_{ecr} 时，在火焰传播的初始阶段可以观察到热-质扩散不稳定性。另外，由于热-质扩散机制，Le 大于 1 的混合物是稳定的。然而，其他学者和我们也观察到了这种情况下的胞格不稳定性，这被认为是火焰与流体动力扰动相互作用产生的固有朗道-达里厄斯流体动力不稳定性。当热膨胀比增大，火焰厚度减小时，这种不稳定性增强。

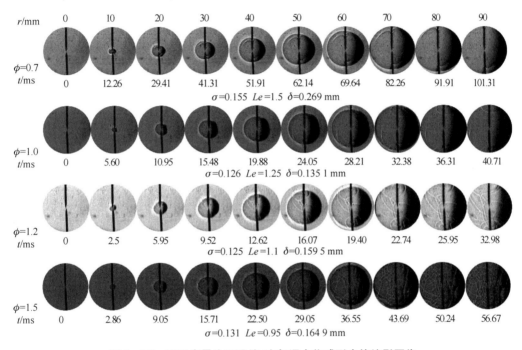

图 5-154　不同当量比下丙烷/空气混合物球形火焰纹影图像

点火初期，胞格不稳定性受到与小火焰半径相关的强曲率拉伸的抑制。在本研究中，当当量比从 1.0 增加到 1.2 时，相应的刘易斯数从 1.25 减小到 1.1，膨胀比从 7.93 增加到 8，火焰厚度从 0.135 mm 增加到 0.159 5 mm。当量比为 1.2 时，火焰不稳定发生在火焰半径为 40 mm 处，主要是由于流体动力不稳定引起的。当当量比增加到 1.5 时，刘易斯数降至 0.95，膨胀比降至 7.63，火焰厚度增至 0.165 mm；火焰失稳半径变为 30 mm。在这种情况下，火焰不稳定是流体动力不稳定和热扩散不稳定综合作用的结果。

因此，当量比为 1.2 和 1.5 条件下丙烷/空气火焰的临界半径分别为 40 mm 和 30 mm，相应的临界 Peclet 数（P_{ecr}）分别为 251 和 182。

5.13.2　丙烷/空气混合物火焰传播和马克斯坦长度

图 5-155 所示为丙烷/空气混合物火焰半径随传播时间的变化。从图 5-155 可以看出，对于当量比为 1.0、1.2 和 1.5 的丙烷/空气混合物，火焰半径随传播时间呈线性增长。然

而，对于当量比为0.7和2.0的丙烷/空气混合物，在火焰传播的初始阶段（0~0.03 s），半径的增长速度较低，0.03 s以后，火焰传播速度随传播时间呈线性快速增长。对于具有较大刘易斯数的燃料/空气混合物，球形火焰的初始传播受到点火能量和火焰初始动态的影响。

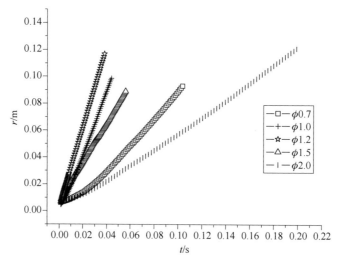

图5-155 不同当量比丙烷/空气混合物火焰半径与时间的关系

丙烷/空气混合物球形火焰的传播速度随传播半径的变化如图5-156所示。从图5-156可以看出，在火焰传播的初始阶段，在当量比为0.7、1.0和1.2时，丙烷/空气混合物的速度随火焰半径的增大而增大，而在当量比1.5时，丙烷/空气的混合物的速度随火焰半径的增大而减小。当量比为1.2时，火焰传播在初始阶段出现振荡，之后，火焰传播相对平稳。

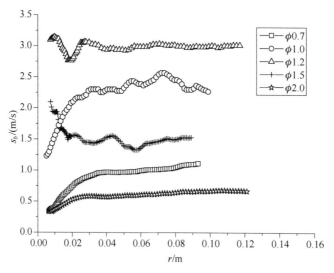

图5-156 不同当量比丙烷/空气混合物火焰半径与拉伸火焰传播速度的关系

图5-157所示为丙烷/空气混合物在不同当量比下的火焰传播速度与火焰拉伸速率的关系图。可见，火焰传播速度和火焰拉伸速率之间保持线性关系。通过最小二乘法对火焰传播速度与火焰拉伸速率进行线性拟合，可以得到火焰传播速度随拉伸速率的变化方程。然后，

在拉伸火焰速度（s_b）与拉伸速率（k）的关系图中，$k=0$ 处的截距值就是未拉伸火焰传播速度（s_b^0）。拟合线性方程斜率的负值就是马克斯坦长度。表 5-1 汇总了不同当量比的丙烷/空气混合物的无拉伸火焰传播速度（s_b^0）、马克斯坦长度和层流燃烧速度 s_u^0 或 s_L。

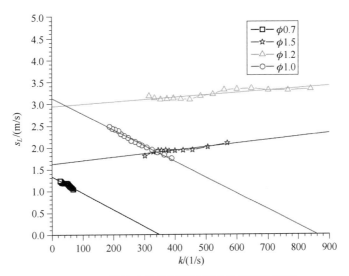

图 5-157　拉伸火焰传播速度随拉伸速率的变化

表 5-1　丙烷/空气混合物的非拉伸火焰速度、马克斯坦长度和层流燃烧速度

当量比	0.7	1.0	1.2	1.5
无拉伸火焰传播速度 s_b^0(m/s)	1.36	3.14	2.94	1.62
Markstein 长度 L_b(mm)	3.8	3.6	-0.5	-1.58
层流燃烧速度 s_L(m/s)	0.21	0.4	0.37	0.21

从图 5-157 和表 5-1 可以看出，对于当量比小于或等于 1 的丙烷/空气混合物，拟合线的斜率为负，马克斯坦长度为正，火焰传播速度随拉伸速率的增加而减小。因此，火焰显示出稳定的倾向。当当量比大于 1 时，拟合线的斜率为正，马克斯坦长度为负，火焰传播速度随拉伸速率的增加而增加。因此，火焰有变得不稳定的倾向。通过向外传播的球形火焰方法确定的层流燃烧速度与其学者使用相同方法获得的层流燃烧速度进行了比较，如图 5-158 所示。在 Jomass 的实验中，为了保持接近恒压的实验条件，使用了双腔装置。在 Hassan 的实验研究中，测量仅限于直径小于 60 mm 的火焰，这意味着在传播期间压力增加小于初始压力的 0.4%。Jomass 等人和 Hassan 等人的实验数据非常接近。在目前的研究中，用于测量的火焰半径范围从 7 毫米到 70 毫米，因此与火焰弯曲和与火焰厚度相关的和过渡现象较小。

层流燃烧速度也通过 Chemkin 软件包中的 Premix 代码进行计算。丙烷/空气混合物不同当量比下丙烷/空气混合物层流燃烧速度计算结果如图 5-159 所示。计算中使用了圣地亚哥的详细反应机理。图 5-159 还绘制了基于火焰前锋历史和压力历史的层流燃烧速度实验结果并进行了比较。从图 5-159 可以看出，实验结果与计算结果吻合较好。

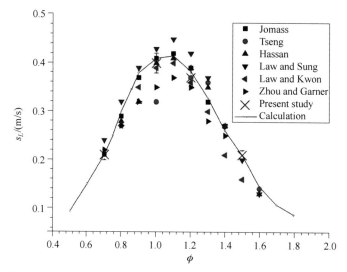

图 5-158　从火焰前锋轨迹获得的丙烷/空气混合物层流燃烧速度

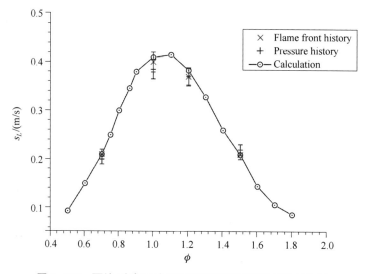

图 5-159　丙烷/空气混合物层流燃烧速度随当量比的变化

参 考 文 献

［1］ 李桂春. 气动光学 ［M］. 北京：，国防工业出版社，2006.

［2］ 玻恩. 沃耳夫. 光学原理 ［M］. 杨葭荪，译. 北京：电子工业出版社，2015.

［3］ SETTLES. G S, Schlieren and Shadowgraph Technique ［M］. New York：Springer-Verlag Berlin Heidelberg，2001.

［4］ POINSOT, T VEYNANTE D Theoretical and Numerical Combustion ［M］. R. T. Edwards： Inc，2005.

［5］ LAW C K. Combustion Physics ［M］. Cambridge：Cambridge university press，2006.

［6］ KUZNETSOV M, KOBELT S, GRUNE J, et al. Flammability limits and laminar flame speed of hydrogen-air mixtures at sub-atmospheric pressures ［J］. International journal of hydrogen energy，2012, 37（22）：17580-17588.

［7］ SUN Z Y, LI G X. Propagation characteristics of laminar spherical flames within homogeneous hydrogen-air mixtures ［J］. Energy，2016, 116：116-127.

［8］ KWON O C, FAETH G M. Flame/stretch interactions of premixed hydrogen-fueled flames： measurements and predictions ［J］. Combustion and Flame，2001, 124（4）：590-610.

［9］ HU E J, HUANG Z H, HE JJ, et al. Experimental and numerical study on laminar burning velocities and flame instabilities of hydrogen – air mixtures at elevated pressures and temperatures ［J］. International Journal of Hydrogen Energy，2009, 34（20）：8741-8755.

［10］ PAREJA J, BURBANO H J, AMELL A, et al. Laminar burning velocities and flame stability analysis of hydrogen/air premixed flames at low pressure ［J］. International journal of hydrogen energy，2011, 36（10）：6317-6324.

［11］ MILLER J A, SMOOKE M D, GREEN R M, et al. Kinetic modeling of the oxidation of ammonia in flames ［J］. Combustion Science and Technology，1983, 34（1-6）：149-176.

［12］ TIAN Z, LI Y, ZHANG L, et al. An experimental and kinetic modeling study of premixed $NH_3/CH_4/O_2/Ar$ flames at low pressure ［J］. Combustion and Flame，2009, 156（7）：1413-1426.

［13］ HAYAKAWA A, GOTO T, MIMOTO R, et al. Laminar burning velocity and Markstein length of ammonia/air premixed flames at various pressures ［J］. Fuel，2015, 159：98-106.

［14］ ICHIKAWA A, HAYAKAWA A, KITAGAWA Y, et al. Laminar burning velocity and Markstein length of ammonia/hydrogen/air premixed flames at elevated pressures ［J］. International journal of hydrogen energy，2015, 40（30）：9570-9578.

［15］ BAUWENS C R L, BERGTHORSON J M, DOROFEEV S B. Experimental investigation of spherical-flame acceleration in lean hydrogen-air mixtures ［J］. International Journal of Hydrogen Energy, 2017, 42: 7691-7697.

[16] FRENKLACH M, BOWMAN T, SMITH G. GRI-Mech 3. 0. 2000. http://www. me. berkeley. edu/gri-mech/index. html.

[17] WANG H, YOU X Q, JOSHI A V, et al. USC Mech VersionⅡ. High-temperature combustion reaction model of H_2/CO/C1-C4 compounds, http://ignis. usc. edu/USC_Mech_Ⅱ. html, 2007.

[18] ZAKAZNOV F Z, KURSHEVA L A, FELINA Z I. Determination of normal flame velocity and critical diameter of flame extinction in ammonia-air mixture [J]. Combustion, Explosion, and Shock Waves, 1978, 14 (6): 710-713.

[19] RONNEY P D. Effect of chemistry and transport properties on near-limit flames at microgravity [J]. Combustion Science and Technology, 1988, 59 (1-3): 123-141.

[20] PFAHI U J, ROSS M C, SHEPHERD J E, et al. Flammability limits, ignition energy, and flame speeds in $H_2-CH_4-NH_3-N_2O-O_2-N_2$ mixtures [J]. Combustion and Flame, 2000, 123 (1-2): 140-158.

[21] TAKIZAWA K, TAKAHASHI A, TOKUHASHI K, et al. Burning velocity measurements of nitrogen-containing compounds [J]. Journal of hazardous materials, 2008, 155 (1-2): 144-152.

[22] LI Y, BI M, LI B, et al. Explosion behaviors of ammonia-air mixtures [J]. Combustion Science and Technology, 2018, 190 (10): 1804-1816.

[23] SONG Y, HASHEMI H, CHRISTENSEN J M, et al. Ammonia oxidation at high pressure and intermediate temperatures [J]. Fuel, 2016, 181: 358-365.

[24] LI J, HUANG H Y, KOBAYASHI N, et al. Study on using hydrogen and ammonia as fuels: combustion characteristics and NOx formation [J]. International Journal of Energy Research, 2014, 38: 1214-1223.

[25] MILLER J A, BRANCH M C, KEE R J. A chemical kinetic model for the selective reduction of nitric oxide by ammonia [J]. Combustion and Flame, 1981, 43: 81-98.

[26] JOMAAS G, LAW C K, BECHTOLD J K. On transition to cellularity in expanding spherical flames [J]. Fluid Mech 2007, 583: 1-26.

[27] TSENG L K, ISMAIL M A, FAETH G M. Laminar burning velocities and Markstein numbers of hydrocarbon/air flames [J]. Combustion and Flame, 1993, 95: 410-426.

[28] ZHOU M, GARNER C P. Brief communication: direct measurements of burningvelocity of propane-air using particle image velocimetry [J]. Combustion and Flame, 1996, 106: 363-367.

[29] HASSAN M I, AUNG K T, KWON O C, et al. Properties of laminar premixed hydrocarbon/air flames at various pressure [J]. Journal of propulsion power, 1998, 14 (4): 479-489.

[30] LAW C K, KWON O C. Effect of hydrocarbon substitution on atmospheric hydrogen-air flame propagation [J]. Int J Hydrogen energy, 2004, 29: 867-879.

[31] LAW C K, SUNG C J, Structure, aerodynamics, and geometry of premixed flamelets [J]. Prog Energy Combust Sci, 2000, 26: 459-505.